CATALOGUE

DES POISSONS

DES FORMATIONS SECONDAIRES

DU BOULONNAIS

CATALOGUE

DES POISSONS

DES

FORMATIONS SECONDAIRES

DU

BOULONNAIS

PAR

M. Emile SAUVAGE

Membre de la Société Géologique de France, de la Société
d'Anthropologie de Paris,
de la Société Académique de Boulogne, etc.

BOULOGNE-SUR-MER

IMP. DE CHARLES AIGRE, 4, RUE DES VIEILLARDS

—

1867

POISSONS FOSSILES

DES FORMATIONS SECONDAIRES

DU

BOULONNAIS

Par M. **Émile SAUVAGE**, *membre associé.*

AVANT-PROPOS.

Le Musée de Boulogne-sur-mer possède une magnifique collection de poissons fossiles des étages jurassiques supérieurs de l'arrondissement, formée en majeure partie par Dutertre-Delporte, et léguée par lui. Les espèces du Bathonien de Marquise qu'avait recueillies Bouchard-Chantereaux, ont été données pour la plupart au même musée par son fils, M. Bouchard-Lemaire. Ce sont ces deux séries que nous cataloguons (1).

(1) Ce travail a été adressé le 30 juin 1866 à la Société Académique de Boulogne-sur-mer qui a bien voulu le couronner. Depuis, de nouvelles espèces m'ont été communiquées par MM. Rigaux et Beaugrand ; des échantillons plus complets m'ont permis de rectifier quelques déterminations douteuses, et de décrire notre faune ichthyologique secondaire avec plus de soin. Dès lors mon travail se trouve plus étendu, et non entièrement semblable au manuscrit primitif.

Deux *Ischyodus* et deux *Cestraciontes* communiqués par M. Beaugrand, quelques dents et vertèbres du Gault de Wissant, quelques débris trouvés par M. Bétencourt dans le Turonien de Neufchâtel, une plaque dentaire de *Ptychodus* ramassée aux Zoteux par M. Quandalle, un *Ischyodus* découvert par M. E.T. Hamy, et qu'il a bien voulu nous dédier, sont également décrits.

Notre savant paléontologiste boulonnais, Bouchard-Chantereaux, se proposait de donner la liste de nos poissons fossiles ; dans ce but il en avait réuni une série des plus complètes ; cette collection si précieuse à tant de titres a malheureusement quitté notre province.

Qu'il me soit permis d'adresser tous mes remercîments à MM. Edm. Rigaux et Hamy. M. Rigaux, avec le plus grand désintéressement, a mis à ma disposition les nombreux exemplaires du Musée de Boulogne, dont il augmente sans cesse la collection paléontologique. M. E. T. Hamy a bien voulu se charger du dessin de nos espèces, tâche ingrate dont il s'est acquitté avec le plus grand bonheur. Je dois aussi de sincères remercîments à M. Beaugrand, qui m'a fourni les plus utiles renseignements sur le gisement de presque toutes nos espèces de poissons, et à M. Alfred Bétencourt qui m'a fait connaître les Squales du Turonien.

INTRODUCTION.

§ Ier.

Le Dévonien de Ferques, si riche en polypiers et
en brachiopodes, n'a offert jusqu'ici que quelques
débris de poissons indéterminables (1).

Ce sont surtout les étages jurassiques supérieurs qui se sont montrés riches en vertébrés,
poissons et reptiles.

Nos dépôts bathoniens, formés sous des eaux
peu profondes (ces dépôts ont environ 20 m. de
puissance d'après les recherches de M. Rigaux)
et divisés en quatre zônes distinctes : le *Fuller's
Earth,* la *Grande Oolithe,* le *Cornbrash* et le *Forest
Marble* (2) sont étendus en bande étroite, de Marquise au Wast. Nous n'avons malheureusement
que peu de renseignements sur le gisement précis
des poissons de cette époque.

Les *Pycnodontes* et quelques *Cestraciontes* forment
la faune ichthyologique de notre mer bathonienne.

Les *Ganoïdes* sont représentés par cinq *Pycnodus*

(1) *V. l'appendice* A.

(2) Nous adoptons les zônes admises par M. Edm. Rigaux dans
l'intéressant travail qu'il a publié (Année 1865, n° 4 du *Bulletin
de la Société Académique de Boulogne*) : *Notice stratigraphique
sur le Bas-Boulonnais.*

(P. Affinis, Jugleri, Boloniensis, Gervaisi, Bucklandi)
dont deux sont nouveaux pour la science. Parmi
les *Placoïdes*, les *Acrodus elegans* Sauvg., et *Strophodus Hamyi* Sauvg., très-rares, ont une vie
limitée à ces formations. Les *Strophodus tenuis*
et *reticulatus* sont à leur maximum de développement vers la fin de la période bathonienne,
pendant que se déposent les calcaires du Cornbrash. Un genre nouveau, voisin des *Strophodus*,
le genre *Curtodus* naît, pour s'éteindre dans
le kimméridgien moyen. Le *Lepidotus lævis* fait
sa première apparition dans le Cornbrash du
Wast; on le retrouve dans l'Oxford, où il est
rare; ses débris ont été laissés en abondance
dans les mers du Kimméridge et du Portland. La
vie de cette espèce est bien longue; le *L. lævis*,
type qu'a décrit avec beaucoup de soin M. Pictet,
est de l'Étage Virgulien du Jura Neuchâtelois; la
détermination de ce Lepidotus se faisant le plus
souvent sur une dent ou une écaille isolée, il
est probable que plusieurs espèces différentes
auront été confondues sous le même nom.

L'*Oxfordien* et le *Corallien* sont très-pauvres en
débris de poissons. Un fragment d'*Asteracanthus*
dans l'Oxfordien inférieur, quelques dents indéterminables de *Pycnodus* dans le Corallien supérieur, une dent de *Strophodus subreticulatus* et de
S. reticulatus, une autre de *Curtodus Corallinus*
dans l'oolithe à *Nerinea Goodhallii*, sont les seuls
représentants de la faune ichthyologique de cette
époque.

Nos étages jurassiques supérieurs (Kimmeridgien et Portlandien) sont des dépôts côtiers : aussi les poissons qu'ils renferment ont-ils été entraînés par les eaux et roulés, l'animal mort ; ce qui fait que l'on ne retrouve jamais que des débris, des parties isolées, une dent, une écaille, un vomer, et non des squelettes entiers , comme il s'en trouve tant à Solenhofen et à Cirey, dépôts formés sous des eaux non côtières, et où les espèces pélagiques sont enfouies là où elles ont vécu.

Le *Kimméridgien* a été divisé par M. Edm. Rigaux en deux assises, comprenant cinq zônes. L'assise inférieure se présente dans le Boulonnais sous la forme de calcaires, entrecoupés de schistes pétris d'*Ostrea virgula*. Les débris de poissons sont assez rares sur les rivages du Kimméridge inférieur. Les *Ganoïdes* n'y sont représentés que par quelques dents de *Lepidotus lœvis, palliatus, giganteus ;* les *Placoïdes* par des dents de *Strophodus subreticulatus* des zônes à *Ceromya orbicularis* et à *Arca longirostris,* et les *Hybodus grossiconus, obtusus* et *monoprion ;* la zône à *Mya rugosa,* qui, d'après M. Rigaux, représente le calcaire à *Astarte* de la Meuse, ne renferme à notre connaissance qu'un fragment roulé d'*Asteracanthus ornatissimus (?)* La mer où vivait la *Ceromya orbicularis* nourrit un nouveau genre, *Auluxacanthus,* voisin des *Leptacanthus. Les *Chimérides* font aussi leur première apparition dans le Boulonnais par une espèce robuste, l'*Ischyodus Rigauxi.*

Plus tard, les plages sableuses habitées par la

Pholadomya multicostata, un *Pygurus* n. sp., ne renferment à notre connaissance aucun débris de poissons.

Vers la fin de l'époque kimméridgienne, des eaux troubles, peu profondes, laissent déposer des schistes à *Thracia depressa*, et à *Trigonia cymba*, avec quelques faibles cordons calcaires formant une lumachelle d'*Ostrea virgula*. C'est la zône où les débris de poissons se rencontrent avec le plus d'abondance. Parmi les *Ganoïdes* nous retrouvons le *Lepidotus lævis*, et deux espèces gigantesques les *L. palliatus* et *giganteus*. Un *Squalidé*, le *Sphenodus longidens*, laisse quelques débris sur nos côtes. Les *Hybodus* (dents et ichthyodorulithes) et les *Asteracanthus* prédominent. Pendant que se forment les schistes de Châtillon, la mer nourrit de nombreuses Chimères; sur sept espèces d'*Ischyodus*, trois ne se retrouvent que dans cette zône *(I. Sauvagei, Beaumontii, Beaugrandi)*.

Trois assises, sableuse, marneuse et calcaire, composent notre Portland.

L'assise inférieure est subdivisée en deux zônes. L'une formée de sables et de grès arrondis par les flots, avec nombreuses empreintes de vagues, est essentiellement une plage sablonneuse, où viennent rouler des graviers, des galets de quartz, et où échouent des coquilles flottantes, comme des *Ammonites*. Quelques dents de *Lepidotus lævis*, espèce que d'ailleurs nous retrouvons dans presque toutes nos couches, et de *Pycnodus* de petite taille sont les seuls débris de poissons.

Cette assise passe graduellement à la suivante, qui est principalement calcaire et dont elle est séparée par un poudingue à nombreux débris roulés. Cette zône, caractérisée par la *Perna Suessii*, et qui dans la tranchée d'Honvault a donné une faune d'une si belle conservation, est au contraire riche en débris de *Ganoïdes*, surtout d'espèces de grande taille (*Lepidotus palliatus*, *giganteus*, *Pycnodus gigas*, *Dutertrei*, *Larteti*, *Gyrodus Cuvieri*). Les *Placoïdes* y sont représentés par les *Hybodus grossiconus* et *inflatus* et par l'*Asteracanthus minor*.

Pendant que se déposaient les marnes d'Honvault et du Portel (zône à *Perna Bouchardi*), les mêmes *Lepidotus* gigantesques associés au *Pycnodus Dutertrei* et à deux *Chimères*, les *Ischyodus Dutertrei* et *Dufrenoyi*, vivaient dans nos mers. Nous y retrouvons aussi l'*Hybodus subcarinatus*, que M. Agassiz signale dans le Wealdien de la forêt de Tilgate.

Enfin l'assise supérieure du Portland, représentant du *Portland-Stone* anglais, est très-pauvre en débris de poissons. Nous n'y retrouvons que l'*Asteracanthus lepidus* (un fragment), quelques dents de *Pycnodus,* et notre espèce commune, le *Lepidotus lævis*.

La distribution de nos espèces jurassiques ressortira clairement du tableau suivant :

LISTE des ESPÈCES JURASSIQUES.	BATHONIEN.	OXFORDIEN.	CORALLIEN.	Kimmeridgien — Zône à Mya rugosa.	Z. à Ceromya orbicularis.	Z. à Arca longirostris.	Zône à Pygurus.	Z. à Thracia depressa.	Portlandien — Z. à Ammonites gigas.	Zône à Perna Suessii.	Z. à Perna Bouchardi.	Zône à Cardium.
Ganoïdes.												
FAM. DES LEPIDOIDES.												
Lepidotus radiatus *Agass.*	*											
Lepidotus lævis *Agass.*	*	*			*	*		*	*	*		*
Lepidotus palliatus *Agass.*					*	*				*	*	
Lepidotus Fittoni *Agass.*					*					*	*	
Lepid.(Sphærodus) giganteus *Quenst.*						*		*	*	*	*	
FAM. DES PYCNODONTES.												
Pycnodus gigas *Agass.*								*	*	*		
Pycnodus affinis *Nicolet.*	*											
Pycnodus Jugleri *Münster.*	*											
Pycnodus Boloniensis *Sauvg.*	*											
Pycnodus Gervaisi *Sauvg.*	*											
Pycnodus Dutertrei *Sauvg.*										*	*	
Pycnodus Larteti *Sauvg.*										*		
Pycnodus subcontiguidens *Sauvg.*										*	*	
Pycnodus Bucklandi *Agass.*	*									*	*	
Pycn. didymus *Münster* non *Agass.*										*	*	
Gyrodus umbilicus *Agass.*					*						*?	
Gyrodus Cuvieri *Agass.*								*		*		
Placoïdes.												
FAM. DES CESTRACIONTES.												
Strophodus Beaugrandi *Sauvg.*								*	*			
Strophodus reticulatus *Agass.*	*		*		*	*						
Strophodus subreticulatus *Agass.*			*		*	*						
Strophodus tenuis *Agass.*	*										*	
Strophodus Hamyi *Sauvg.*	*											
Curtodus Rigauxi *Sauvg.*	*											
Curtodus corallinus *Sauvg.*			*									
Acrodus elegans *Sauvg.*	*											
Hybodus grossiconus *Agass.*								*	*		*	
Hybodus obtusus *Agass.*					*						*	
Hybodus inflatus *Agass.*					*	*						
Hybodus monoprion *Quenst.*					*	*			*			

LISTE des ESPÈCES JURASSIQUES.	Bathonien.	Oxfordien.	Corallien.	Kimmeridgien.					Portlandien.			
				Zône à Mya rugosa.	Z. à Ceromya orbicularis.	Z. à Arca longirostris.	Zône à Pygurus.	Z. à Thracia depressa.	Z. à Ammonites gigas.	Zône à Perna Suessii.	Z. à Perna Bouchardi.	Zône à Cardium.
Hybodus subcarinatus *Agass.*											*	
Hybodus acutus *Agass.*								*				
Hybodus reticulatus *Agass.*								*				
Hybodus pleiodus *Agass.*								*				
Asteracanthus lepidus *Dollfuss.*								*				*
Asteracanthus semiverrucosus *Egert.*											*	
Asteracanthus ornatissimus ? *Agass.*					*							
Asteracanthus minor ? *Agass.*										*		
Asteracanthus.....?	*											
Auluxacanthus Dutertrei *Sauv.*						*						
FAM. DES SQUALIDÉS.												
Sphenodus longidens *Agass.*									*		* ?	
FAM. DES CHIMÉRIDES.												
Ischyodus Dufrenoyi *Egert.*											*	
Ischyodus Dutertrei *Egert.*											*	
Ischyodus Beaumontii *Egert.*									*		*	
Ischyodus Sauvagei *Heny.*									*			
Ischyodus suprajurensis *Sauv.*												
Ischyodus Rigauxi *Sauv.*				*	*				*			
Ischyodus Beaugrandi *Sauv.*									*			

Les renseignements que nous devons à l'obligeance de MM. Beaugrand et Rigaux nous permettent de répartir les espèces coralliennes de la manière suivante :

	Zône à Nerinea Goodhallii.	Zône à Pygurus.
Strophodus reticulatus		*
S. subreticulatus	*	
Curtodus Corallinus	*	
Dents de *Pycnodus*		*

La disposition des espèces de la craie est in-
diquée dans le tableau suivant. On remarquera
l'abondance des *Squalidés*; nous n'y connaissons
qu'un seul *Ischyodus*, représenté par deux échantillons que possède M. Beaugrand :

	Gault.	Craie tuffau.
Notidanus microdon *Agass.*	.	*
Otodus serratus *Agass.*	.	*
Otodus appendiculatus *Agass.*	*	*
Otodus recticonus *Agass.*	.	*
Lamna plana ? *Agass.*	.	*
Lamna gracilis *Agass.*	*	*
Lamna subulata *Agass.*	.	*
Lamna rhaphiodon *Agass.*	.	*
Lamna Bouchardi *Sauvg.*	*	.
Sphenodus longidens *Agass*	*	*
Oxyrrhina Zippei *Agass.*	.	*
Oxyrrhina Mantellii *Agass.*	.	*
Oxyrrhina subinflata *Agass.*	*	*
Corax appendiculatus *Agass.*	.	*
Corax falcatus *Agass*	.	*
Sphyrna prisca *Agass.*	.	*
Ischyodus Bouchardi *Sauvg.*	*	.
Berycopsis (elegans ?) *Agass.*	.	*
Vertèbres de Squales.	*	*

Nous ne connaissons pas le gisement du
Ptychodus latissimus; cette espèce est ordinaire-
ment de la craie blanche.

§ II.

Nous n'avons malheureusement pas de catalogue des poissons des différentes assises jurassiques du bassin anglo-parisien. Nous ne pou-

vons dès lors connaître exactement la distribution géographique de ces poissons.

Loin de nous et dans un bassin différent, MM. Pictet et Jacquart ont décrit, de l'Etage Virgulien du Jura Neuchâtelois, qui correspond au Portlandien supérieur, les espèces suivantes qui se retrouvent également dans le Boulonnais :

Lepidotus lœvis, L. giganteus, Pycnodus gigas, P. affinis, Strophodus subreticulatus. Les deux types de dents isolées de *Pycnodus* sont les mêmes.

Le Jura blanc ɛ de Schwaitheim, l'analogue du Portlandien (1), a les espèces suivantes communes avec les nôtres :

Strophodus reticulatus, S. subreticulatus, Lepidotus giganteus, Gyrodus umbilicus, Pycnodus mitratus, Asteracanthus ornatissimus. L'*Hybodus monoprion,* que nous retrouvons dans nos étages jurassiques supérieurs, est donné par M. Quenstedt comme du Jura brun b.

Les espèces suivantes sont indiquées d'autres localités :

Pycnodus gigas. Oolithe de Flavigny. — Oxfordien de Châtillon-sur-Seine.—Kimméridgien de Salins.

Pycnodus Jugleri. Jurassique du Hanovre.

Pycnodus Bucklandi. Grande Oolithe de Stonesfield.

Gyrodus Cuvieri. Calcaire de Caen. — Oolithe du Grand Duché de Bade, de Durrheim.—Kimméridgien du cap La Hève, de Poulshot.

Gyrodus umbilicus. Mêmes terrains, sauf le Kimméridgien.

(1) Cf. Quenstedt : *Dër Jura.* Pl. 93. — Broon : *Lethœa Geognostica,* T. II.—W. Wagner : *Versuch einer allgemeinen classification des oberen Jura* (Munich 1859), et *Quart. Journ. of the Geol. Soc. of London,* T. XXI, pp. 110 à 143.

Lepidotus Fittoni. Wealdien de Tilgate.

Lepidotus lævis. Calcaire à *Trigonies* de la Hève.

Lepidotus giganteus. Jurassique supérieur de France, d'Allemagne, d'Angleterre (Shotover, près d'Oxford).

Lepidotus radiatus. White-Jura de Schnailheim.

Strophodus reticulatus. Forest Marble de Wilts, de Stanton, de Barton-Cliff. — Oolithe de Ranville et de Bath. — Kimméridgien de Shotover.

Strophodus subreticulatus. Oolithe inférieure de Dundry. — Oxfordien de la Côte-d'Or.—Calcaire à *Trigonies* de la Hève.

Strophodus tenuis. Oolithe de Dundry, de Stonesfield, d'Eyeford. — Forest Marble de Wilts, de Stanton.

Hybodus grossiconus. Oolithe de Caen, de Stonesfield.— Forest Marble d'Alford, de Wilts, de Stanton, de Malmesbury. —Corallien de Malton.

Hybodus inflatus. Oolithe de Caen.

Hybodus obtusus. Oolithe de Caen.

Hybodus subcarinatus. Wealdien de Tilgate.

Hybodus acutus. Kimméridgien de Studley-Wood.

Hybodus pleiodus. Oolithe (France ?).

Hybodus reticulatus. Lias de Lyme Regis.

Asteracanthus ornatissimus. Kimméridgien et Portlandien (Shotover).

Asteracanthus lepidus. Kimméridgien de la Hève.

Asteracanthus semiverrucosus. Oolithe de Swanage.

Ptychodus latissimus. Craie marneuse et blanche.

Notidanus microdon. Craie de Kent, de Sussex. -- Upper Greensand de Norwich, de Cambridge, de Maidstone.

Otodus serratus. Craie de Maëstricht.

Otodus recticonus. Malte.

Otodus appendiculatus. Néocomien de Suisse.—Gault (Folkestone, etc.). — Upper Greensand de Cambridge, de Belgique. — Grès vert de New-Jersey. — Craie chloritée de l'Isère, de Rouen. — Craie marneuse. — Craie de Quedlimbourg. — Craie supérieure de Ciply. — Craie blanche (Meudon). — Calcaire pisolitique (Vertus). — Planër de Dresde, &c.

Lamna gracilis. Néocomien de Suisse.—Eocène du S. de la Caroline.

Lamna subulata. Grès vert de Ratisbonne. — Craie marneuse de Quedlimbourg. — Craie blanche de Meudon, de Sussex.

Lamna rhaphiodon. Gault de Cambridge, de Kent.—Craie de Bohême. — Craie de Lewes, de Sussex. — Craie de Maëstricht.—Upper Greensand de Ciply (Belgique).

Sphenodus longidens. Oxfordien.—Corallien de Bavière.

Oxyrrhina Zippei. Grès vert. — Craie de Rouen.

Oxyrrhina Mantellii. Craie chloritée du Havre. — Upper Greensand de Belgique. — Craie de Vienemburg, de Rouen, de Lewes, de Sussex, de Bohême, d'Alabama (Etats-Unis).

Oxyrrhina subinflata. Gault de Courtaoult. — Craie de Sussex.

Corax falcatus. Craie marneuse et blanche (Lewes, Kent, Sussex, &c.).

Corax appendiculatus. Planërkalk de Stickla. — Craie de Maëstricht, de Meudon. — Faulx-les-Caves.

Sphyrna prisca. Craie de Malte.

Ce tableau peut être utile, croyons-nous, pour servir à la détermination de l'ère géographique et géologique d'une espèce.

Deux genres nouveaux, *Auluxacanthus* et *Curtodus*, sont particuliers au Boulonnais :

Auluxacanthus Dutertrei Sauvg.

Curtodus Corallinus Sauvg.

Curtodus Rigauxi Sauvg.

Enfin les espèces appartenant à des genres déjà connus, qui n'ont été trouvées que dans nos formations, sont :

Lepidotus palliatus Agass.

Pycnodus Boloniensis Sauvg.

Pycnodus Gervaisi Sauvg. (1).

____

(1) M. Gervais (*op. cit.*) a figuré (Pl. LXVIII, fig. 19) un *Pycnodus* de Flavigny (Yonne) qui paraît être notre *P. Gervaisi.*

Pycnodus Larteti Sauvg.
Pycnodus Dutertrei Sauvg.
Pycnodus subcontiguidens Sauvg.
Strophodus Hamyi Sauvg.
Strophodus Beaugrandi Sauvg.
Acrodus elegans Sauvg.
Ischyodus Dutertrei Egert.
Ischyodus Dufresnoyi Egert.
Ischyodus Rigauxi Sauvg.
Ischyodus suprajurensis Sauvg.
Ischyodus Beaumontii Egert.
Ischyodus Sauvagei Hamy.
Ischyodus Beaugrandi Sauvg.
Ischyodus Bouchardi Sauvg.
Lamna Bouchardi Sauvg.

CATALOGUE

DES POISSONS

DES

FORMATIONS SECONDAIRES DU BOULONNAIS.

GANOÏDES.

Fam. des Lepidoïdes. Agassiz.

G. LEPIDOTUS.

Ce genre a été établi par **M.** Agassiz pour des *poissons à écailles osseuses rhomboïdales, épaisses, et dont la partie visible est recouverte d'une forte couche d'émail.*

Nous décrirons séparément les écailles et les dents.

ÉCAILLES.

LEPIDOTUS RADIATUS *Agass.*

Agassiz. Poiss. foss. T. II, p. 256, vol. 2. tab. 30, fig. 2-3.

D'après les indications de Lord Enniskillen M. Agassiz donne cette espèce comme de Boulogne (1). Elle est

(1) *Additions* T II, 2ᵉ partie, p. 287.

caractérisée par les sillons divergents en forme de rainure creusés dans l'émail du bord postérieur ; les côtes comprises entre ces rainures sont plates ; la surface de l'émail est parfaitement lisse.

Dutertre a trouvé dans la grande Oolithe de Marquise une écaille appartenant à cette espèce (1).

LEPIDOTUS LÆVIS *Agass.*

(Pl. I, fig. 3 à 16.)

Agassiz. Op. cit. T. II, p. 254, vol. 2, tab. 29 c, fig. 4-5.
Pictet. Paléontologie T. II, p. 162.
Pictet et Jacquart. Poissons de l'étage virgulien du Jura
    Neuchâtelois, p. 26, pl. VI et VII.

M. Agassiz a créé cette espèce sur une écaille du dos, et, comme le fait remarquer M. Pictet, par cela même peu caractéristique. L'écaille décrite par M. Agassiz a sa « partie recouverte d'émail plus large que longue ; « tous les bords sont droits ; l'onglet articulaire est « très en arrière, environ à la hauteur de la limite de « l'émail ; la face externe est complètement lisse et « polie. » S'appuyant surtout sur ce dernier caractère, M. Pictet a rapporté au *Lepidotus lævis* les écailles de l'étage virgulien du Jura Neuchâtelois. A l'exemple du savant naturaliste de Genève nous désignerons sous ce nom, malgré leurs différences, les écailles représentées Pl. I, fig. 3-16. Les *Lepidotus giganteus* Quenst. et *palliatus* Agass. ont été aussi rapportés par M. Pictet au *L. lævis*. Mais nous ne pouvons admettre ce rapprochement, il y a trop de différences, comme nous le verrons plus bas, entre la dentition du *L. lævis* et celles

---

(1) Des écailles de cette espèce venant du jura blanc de Schnaitheim se trouvent au British Museum.

des deux autres *Lepidotus* qui appartiennent à la section des *Sphærodontes.*

Figurée au n° 3, est une écaille que sa forme nous fait rapporter à la région du dos. Elle semble être le type de l'espèce décrite par M. Agassiz. En effet les deux diamètres sont sensiblement égaux, la surface lisse et polie.

La fig. 4 représente un fragment de poisson, très-aplati, n'ayant que 7 mm. d'épaisseur maximum, sur lequel on voit d'un côté 5 rangées d'écailles et 6 de l'autre. Ces écailles sont plus longues que larges, ayant en moyenne 11-13 mm. de long sur 7-8 mm. Régulièrement rhomboïdales, leurs bords supérieur et inférieur sont droits; le bord recouvert dans l'imbrication est légèrement échancré.

La surface émaillée de la plupart de ces écailles est parfaitement lisse, quelques-unes cependant (4 sur 33) présentent au centre une faible dépression entourée d'un léger bourrelet. Ce caractère est très-marqué sur l'écaille représentée fig. 8 que l'on pourrait être tenté de rapporter à une autre espèce.

Par la forme des écailles, le fragment reproduit fig. 4 nous paraît appartenir à une région intermédiaire entre le dos et les flancs, plus près de la partie postérieure que de l'antérieure. Nos écailles sont plus petites que celles figurées par M. Pictet (Pl. VI).

Figure 5. Ecaille de la même région, mais plus antérieure; elle présente à son bord postérieur une assez forte échancrure et une dent articulaire obtuse. La fraction des diamètres est de 8/11.

Nous rapporterons aussi à la même région l'écaille représentée fig. 6, malgré le développement des angles postéro-inférieur et supérieur. Si les bords supérieur et inférieur étaient plus sinueux, nous serions tenté d'attribuer cette écaille au *L. undatus* Agass.

La figure 7 est celle de trois écailles beaucoup plus rapprochées que les précédentes des flancs dont elles formaient la partie supérieure. La surface de l'émail est lisse, sauf une légère carène qui commence vers un des angles aigus. Au bord supérieur est un onglet articulaire ; la partie recouverte dans l'imbrication est peu creusée. La fraction des diamètres est d'environ 3/4. Ces écailles ressemblent à celle figurée par MM. Pictet et Jacquart (Pl. VII, fig. 6).

Aux fig. 9-13 sont cinq petites écailles ayant très-probablement appartenu à la région caudale. Elles sont assez régulièrement losangiques, lisses, à bords entiers.

Nous avons fait représenter fig. 14, 15, 16 trois écailles lisses, remarquables par le fort onglet que présente le bord inférieur ; l'angle postérieur est très-saillant.

Ces écailles appartenant au Musée de Boulogne ont été trouvées par Dutertre-Delporte dans les étages Kimméridgien et Portlandien.

Le Musée de Boulogne possède aussi plusieurs écailles de l'étage Oxfordien qui ne peuvent être rapportées qu'au *L. lævis.* La partie émaillée est plus large que longue, complètement lisse, les bords sont à peu près droits ; la partie antérieure présente un faible onglet articulaire.

LEPIDOTUS FITTONI *Agass.*

(Pl. I, fig. 24, 25.)

Agassiz. Op. cit. T. II., p. 265, vol. 2, tab. 30 *b.*

Les deux écailles figurées à la planche I sous les n^s 24, 25, ressemblent beaucoup à celles du *L. Fittoni*

Agass. Elles correspondent à la partie situe au milieu
du corps, vers la troisième rangée d'écailles, à l'union
du dos et des flancs.

Fig. 24. Écaille dont la partie émaillée lisse présente
une légère crète médiane plus prononcée en arrière
qu'en avant. L'angle postérieur est aigu , la partie
antérieure beaucoup plus bombée que la postérieure.

Sur l'écaille fig. 25, la partie émaillée est un peu
concave ; elle est parcourue dans son milieu par une
faible crète plus saillante en arrière, terminée en avant
par un tubercule peu prononcé. Les deux côtés qui
partent de l'angle postérieur sont moins longs que dans
l'écaille précédente ; ils sont suivis d'un bord droit ; la
partie antérieure est représentée par un bord sensiblement concave, surtout près du tubercule. La partie non
émaillée est légèrement pectinée en avant.

LEPIDOTUS PALLIATUS *Agass.*

(Pl. I, fig. 19, 20,)

Agassiz. Op. cit. T. II, p. 255, vol. 2, tab. 29, fig. 2-3.

Egerton. Fossil fish in the collection of the Earl of Enniskillen
and Sir Philip Grey Egerton.

— Catalogue of Fossil fish in the collection of Lord Cole
and Sir Philip Grey Egerton.

— A systematic and stratigraphical catalogue of the
fossil fish in the cabinet of Lord Cole and Sir
Philip Grey Egerton.

Gervais. Zoologie et paléontologie française, p. 534.

Pictet. Op. cit. T. II, p. 162.

Cette espèce a été créée par M. Agassiz pour deux
écailles trouvées par Lord Cole dans le *Kimmeridge
clay* de Boulogne.

Les grandes écailles trouvées par Dutertre-Delporte

et données par lui au Musée de Boulogne doivent être rapportées à cette espèce. Les deux écailles que nous avons fait figurer sont rugueuses ; les bords antérieur, supérieur et inférieur sont droits, le bord postérieur est échancré, et les angles supérieur et postérieur, ce dernier surtout, sont épais.

DENTS.

Les dents de *Lepidotus* de nos formations secondaires peuvent se rattacher à quatre groupes.

Les unes, petites, allongées, appartiennent aux *Lepidotus* vrais.

D'autres, fortement évidées sur un de leurs bords, ont la forme d'une faucille lorsqu'on les regarde de profil (Pl. I, fig. 28).

Certaines dents ont la partie supérieure se rétrécissant assez brusquement en cône allongé (Pl. I, fig. 29). Ce sont des dents antérieures vraisemblablement.

Enfin, d'autres, arrondies, ont été attribuées au genre *Sphærodus* par M. Agassiz.

EULEPIDOTÆ.

Certaines dents (Pl. I, fig. 26, 27) arrondies à leur sommet doivent être rapportées au *Lepidotus Fittoni* Agass.

D'autres, en forme de cône irrégulier, à base elliptique, se terminent en pointe mousse (Pl. I, fig. 18). M. Agassiz (1) donne la même description des dents du *L. Mantellii*, ce qui confirmerait le rapprochement fait par M. Pictet (2) entre les *L. lævis* et *Mantellii*

(1) *Loc. cit.* p. 262.
(2) Pictet et Jacquart *Op. cit.* Pl. III.

Nous avons trouvé plusieurs de ces dents dans le Cornbrash du Wast. Les dents du *L. lævis* sont communes dans nos formations jurassiques supérieures.

SPHÆRODONTES.

Le genre *Sphærodus* a été établi avec doute par M. Agassiz. Il le plaçait dans la famille des *Pycnodontes*, tout en pressentant ses analogies avec le genre *Lepidotus*. C'est M. Quenstedt (1) qui a démontré cette affinité. Le milieu de la mâchoire est, en effet, armé de dents rondes *(sphærodus)*, tandis que les bords sont munis de dents plus petites, relevées sur leur milieu en une pointe courte et subite *(lepidotus)*. Des mâchoires presque complètes qu'il a été à même d'étudier lui ont fourni, en outre, d'intéressantes observations sur le mode de développemeut des dents. La couronne de la dent de remplacement se forme en sens inverse de celle qui sert à la trituration ; elle est placée immédiatement sous la racine de cette dernière, et leurs deux bases sont d'abord parallèles ; puis peu à peu cette dent se dévie, bascule, décrit un demi-cercle jusqu'à ce qu'elle arrive à sa position normale. « Ces dents de remplacement sont plus « pâles, l'émail est souvent gercé et altéré ; elles se « reconnaissent à l'absence de collet (2). »

Le Musée de Boulogne possède de nombreuses dents détachées et plusieurs magnifiques fragments de mâchoires de *sphærodus*. Ces dents peuvent être rapportées aux deux espèces suivantes :

(1) *Handb. der Petref.*, p. 199, et *Wurtemb. Jahneshefte*, 9e année, 1853, pl. 7, p. 361.

(2) Cf. Pictet et Jacquart. *Op. cit.*, p. 38.

LEPIDOTUS (SPHÆRODUS) GIGANTEUS *Quenst.*

Syn. *Sphærodus gigas* Agassiz. Op. cit. T. II, p. 210, vol. 2,
pl. 73, fig. 83-94.
— Pictet. Op. cit. T. II, fig. 18-19.

Trois fragments de mâchoires, trouvés par Dutertre à
Châtillon, portent des dents qui répondent tout à fait
à la description et à la figure que M. Agassiz a données
du *S. gigas* : « *Dents circulaires, régulièrement bom-*
« *bées, faible épaisseur de l'émail.* » M. Quenstedt,
supprimant, avec raison, le genre *sphærodus*, donna à
cette espèce le nom de *Lepidotus giganteus*. M. Pictet
ne considère le *L. giganteus* que comme une variété du
L. lævis. Mais les écailles du *L. giganteus* sont bien
plus grandes que celles du *L. lævis ;* de plus, les dents
du *L. giganteus* sont cinq à six fois plus larges ; elles
sont régulièrement sphériques, tandis que dans l'autre
espèce elles sont beaucoup plus subulées ; mêmes différences pour les dents antérieures, beaucoup plus grêles,
plus pointues dans le *L. lævis* que dans le *L. giganteus*.
L'espèce créée par M. Quenstedt doit être conservée, et
nous y rapportons notre premier type de dents, ainsi que
celles figurées par MM. Pictet et Jacquart dans leur
savante monographie des *Poissons du Jura Neuchâtelois* (Pl. VII).

LEPIDOTUS PALLIATUS *Agass.*

(Pl. I, fig. 21 à 23.)

Dutertre-Delporte a ramassé dans l'argile kimméridgienne, entre le port de Boulogne et la Crèche, de nombreuses écailles et ossements de *Lepidotus palliatus*.

Le Musée de Boulogne possède aussi de cette localité plusieurs fragments de mâchoires (1).

Les dents antérieures sont en forme de cône légèrement aplati au sommet. Les autres dents sont sphériques, hautes, portées sur une forte racine, à couronne large, à émail épais. Par ce dernier caractère, elles se rapprochent du *Sphærodus crassus* Agass. (2). Il serait très-probable que les dents de ce *Sphærodus* appartinssent au *L. palliatus*.

Les deux premières rangées sont armées de dents côniques ; les autres, de dents arrondies, qui augmentent de volume en allant vers le fond de la gueule.

Une seule espèce, le *L. giganteus*, peut être confondue avec le *L. palliatus;* mais dans ce dernier les dents sont plus petites, beaucoup plus bombées, et elles ont l'émail plus épais.

Nous nous proposons de décrire prochainement les différentes pièces du squelette de ce *Lepidotus*.

Fam. des Pycnodontes Agassiz.

Poissons à corde dorsale non ossifiée ; osselets supplémentaires verticaux ; dents en pavés arrondies ou ellipsoïdes.

Les ichthyologistes sont loin d'être d'accord sur le nombre de rangées dentaires qui garnissaient chacune des deux mandibules de la mâchoire inférieure. M.

(1) Au *British Museum* se trouvent les quelques écailles étiquetées Boulogne sur lesquelles M. Agassiz a créé cette espèce.
(2) *Op. cit.* T. II, p. 212, vol. 2, pl. 73, fig. 101-108.

Agassiz admet tantôt 3, tantôt 5 séries dentaires ; M.
Pictet a démontré que les *P. gigas* et *affinis* en possé-
daient encore plus. MM. A. Wagner (1) et V. Thiollière (2),
au contraire, n'admettent que 4 rangées de dents en
pavés dans les deux genres *Pycnodus* et *Gyrodus*.
Nous ne saurions être de l'avis de ces deux savants na-
turalistes. M. Bouchard-Chantereaux possédait, en effet,
des mâchoires de *Pycnodus* de nos étages Jurassiques
supérieurs, garnies de nombreuses séries dentaires (3).

Cette famille est représentée dans nos formations jurassiques par deux genres, les *Pycnodus* et les *Gyrodus;*
les *Sphærodus* ayant été réunis aux *Lepidotus.*

Les *Pycnodus* ont les dents en forme de demi-cylindres, arrondies à leurs extrémités, à surface lisse,
brillante.

Dans les *Gyrodus*, elles sont circulaires ou elliptiques.
Elles diffèrent de celles des *Pycnodus* par un sillon profond, parallèle au bord des dents, qui sépare la surface
de trituration en deux parties, l'une centrale un peu
bombée, l'autre périphérique; la dent paraît ainsi om-
biliquée. La rangée médiane est plus en saillie. M. Pictet
a réuni au genre *Pycnodus* les dents de *Gyrodus* du
Jura Neuchâtelois. Il paraît y avoir tous les passages
d'un genre à l'autre; c'est ainsi que les dents de la ran-

(1) *Beitrage zur Kenntniss der in den lith. Schiefern obgelag.
Fische.* Abh. der 1 classe der. K. Acad, d. Wiss. VI Bd. 1 Abth.
Munich. 1850.

(2) *Description des poissons fossiles provenant des gisements
coralliens du Jura dans le Bugey.* p. 23.

(3) Cf. les ouvrages suivants sur la dentition des Pycnodontes:
Agassiz. *Op. cit.* T. 2, pl. 69 *a* et 72 *a*.
Wagner. *Op. cit.* p. 12, 13, 26, 57.
Thiollière *Op. cit.* p. 12 (restauration des mâchoires du *P.
Itieri*, Thioll.).
Pictet et Jacquart. *Op. cit.*

gée médiane du *P. affinis* ont tous les caractères des dents de *Pycnodus*, tandis que celles de la rangée interne ressemblent beaucoup aux dents de Gyrodus. Mais MM. Wagner et Thiollière ont pu séparer nettement les *Pycnodus* des *Gyrodus* d'après la forme même du corps, la squammation, la position de la colonne vertébrale, etc.

Le genre *Typodus* a été établi par M. Quenstedt (1) pour des *Pycnodus* dont les dents sont portées par une racine allongée qui vᵉ sensiblement en se rétrécissant. Certaines de nos dents présentent ce caractère, mais nous ne croyons pas qu'il soit assez important pour motiver la création d'un genre nouveau.

G. PYCNODUS.

(A) — MACHOIRES INFÉRIEURES.

1° *Pycnodus dont le maxillaire inférieur a plus de quatre rangées dentaires.*

PYCNODUS GIGAS *Agass.*

Agassiz. Op. cit. T. II, p. 191, vol. 2, tab. 71, fig. 13.
Pictet. Op. cit. T. II, p. 198.
Pictet et Jacquart. Op. cit., p. 46, pl. X, XI et XVIII, fig. 2-4.

Dents grosses, en forme de demi-cylindres ; surface de l'émail lisse ; les deux extrémités sont arrondies et d'égale largeur. Les dents externes ont leur surface marquée de rides rayonnantes, granuleuses, irrégulières. Elles ont été décrites par M. Quenstedt (2) sous le nom de *P. granulatus.*

(1) Der Jura, p. 781.
(2) Der Jura, pl. 96.

Le musée de Boulogne n'a de cette espèce que des dents isolées provenant du Kimméridgien et du Portlandien.

PYCNODUS AFFINIS *Nicolet.*

(Pl. II, fig. 6.)

Pictet et Jacquart. Op. cit. p. 50, pl. XII, XII bis et pl. XIX, fig. 1 *a, b.*

Gervais (1). Paléontologie et Zoologie générales, Pl. L, fig. 6.

Nous désignons sous ce nom un fragment de mâchoire de la grande Oolithe de Marquise, trouvé par Bouchard. Ce fragment ne peut être rapporté qu'au *P. gigas* ou au *P. affinis.*

La première de ces espèces a les dents de la première rangée externe grandes, réniformes.

Dans le *P. affinis* ces dents sont rondes ou ovales ; quand elles ne sont pas usées, elles sont très-faiblement granuleuses; de légers plis irréguliers rayonnent du centre qui est entouré d'un petit cercle déprimé formant un anneau comme dans un Gyrodus peu caractérisé.

DESCRIPTION. — L'échantillon figuré, qui appartient au musée de Boulogne, présente quatre dents de la rangée principale ; elles sont grosses, allongées transversalement, un peu plus grosses en dehors qu'en dedans, lisses, à peu près deux fois aussi longues que larges pour les dents postérieures, les antérieures étant un peu moins longues. M. Pictet a indiqué de petites rides transversales perpendiculaires au grand axe ; ces rides ne sont pas visibles, par suite de l'usure, dans notre

(1) Toutes les pièces de la planche L de l'ouvrage de M. le professeur Gervais ont été représentées à l'envers, par une erreur du dessinateur.

échantillon (1). La rangée interne est garnie de cinq
dents sensiblement ovalaires, petites, de 2 à 3 mm. de
diamètre ; l'une d'elles présente les plis et l'anneau
signalés par M. Pictet (2). Les dents des rangées externes sont aussi à peu près rondes, lisses, plus grandes
que celles de la rangée intrene.

PYCNODUS JUGLERI *Münster*.

(Pl. II, fig. 5).

Münster. Beitrage zur Petrefacten.—Kunde mit drei Einfachen
und sechs Doppeltafeln. Herausgegeben von Dr. W.
Dunker. — siebentes heft. p. 42, pl. 3, fig. 8 à 10.

Nous rapportons à cette espèce un fragment de mà-
choire, de l'oolithe de Marquise, trouvé par Bouchard-
Chantereaux.

Série principale à dents grosses, courtes, épaisses,
lisses. La série interne ne montre qu'une dent et les
racines de deux autres. Cette dent est petite, arrondie ;
elle présente à son sommet un sillon peu profond, étroit,
d'où partent des stries. La série externe est composée
de quatre rangées de dents arrondies, présentant, lorsqu'elles ne sont pas usées, le caractère des dents de la
série interne. Ces dents sont disposées suivant des lignes
très-irrégulières.

PYCNODUS BOLONIENSIS *Sauvg.*

(Pl. II, fig. 4.)

Gervais. — Paléontologie et Zoologie générales. Pl. L, fig. 7.

Sous ce nom est figuré un fragment de maxillaire

(1) *Loc. cit.* Pl. XII, fig: 4.
(2)   Id.   Pl. XII, fig. 4 *b.* et 5 *d.*, et pl. XII *bis*, fig. 1 *a.*

inférieur droit trouvé dans le terrain bathonien de Marquise par Bouchard-Chantereaux et donné par lui au musée de Boulogne. Cet os indique une très-petite espèce, rentrant dans la section des *Pycnodus* à nombreuses séries dentaires.

Notre échantillon ne présente que deux dents de la série principale ; elles sont allongées obliquement de dedans en dehors. L'indice dentaire est de 52 (1).

A la rangée interne sont deux dents très-petites, lisses, arrondies.

La série externe montre quatre rangées de dents lisses, très-petites. Les dents de la première et de la quatrième des rangées externes sont légèrement ovalaires et un peu plus grosses que celles des deux autres rangées intermédiaires, qui sont arrondies et dans un sillon peu profond. Ces dents paraissent être en nombre double de celles de la série principale.

RAPPORTS ET DIFFÉRENCES. — L'espèce à laquelle ce maxillaire ressemble le plus, c'est au *P. Mantelli* Agass. (2), par ce caractère que les dents sont petites et très-rapprochées. Notre espèce en diffère en ce que les dents de la rangée principale sont plus allongées trans-versalement ; les dents de la première et de la seconde série externe sont plus arrondies ; il en est de même pour celles de la rangée interne ; enfin les dents, surtout celles de la série externe, sont beaucoup plus petites. Notre maxillaire appartient à un individu de bien plus faible taille.

M. Agassiz a décrit sous le nom de *Gyrodus trigonus*

---

(1) C'est le rapport entre la largeur et la longueur de la dent, cette dernière mesure supposée 100. On a $\frac{l}{t} = \frac{x}{100}$; $x = \frac{100\,l}{t}$.

(2) *Op. cit.* T. II, p. 196, vol. II, tab. 72 *a*, fig. 6-14.

un vomer dont les dents très-petites et circulaires ne sont guère plus grosses qu'une tête d'épingle. Mais l'échantillon figuré par M. Agassiz est un *Gyrodus*, le nôtre, un *Pycnodus ;* les dents, étant lisses, ne présentent d'ailleurs aucune trace d'usure.

PYCNODUS GERVAISI *Sauvg.*

(Pl. II, fig. 2).

Gervais. Zoologie et paléontologie générales, pl. L, fig. 8.

Maxillaire inférieur petit, cunéiforme, se rétrécissant peu en avant.

Face externe parcourue par un sillon peu profond, assez large. Les parties dentaire et symphysaire s'inclinent à partir de ce sillon, en sens inverse, en formant avec lui à peu près le même angle.

Bord interne droit. Bord dentaire peu ondulé.

La face buccale est armée de 5 rangées de dents lisses. Les dents de la série principale au nombre de 7 ou 8 sont allongées transversalement (indice dentaire moyen pour les 4 dents postérieures : 61 ; indice moyen pour les 2 dents antérieures : 74,5) ; leur diamètre décroit rapidement.

Les dents de la série interne sont petites, arrondies, toutes à peu près de même dimension. Elles sont en nombre double des précédentes. Sur l'échantillon que nous avons fait représenter, on peut voir une dent de remplacement.

Les dents de la série externe sont disposées sur trois rangées. Celles de la rangée interne sont petites, plus grandes cependant que les dents de la série interne ; elles sont un peu allongées transversalement et en nombre double des dents de la série principale. La rangée externe est garnie de dents plus grandes que celles de la rangée interne, les unes irrégulières, les autres à peu près circulaires. Entre ces deux rangées, sont des dents petites, arrondies, enfoncées dans un sillon assez profond.

Cette espèce de la grande oolithe de Marquise se trouve au musée de Boulogne.

RAPPORTS ET DIFFÉRENCES. M. Agassiz a décrit sous le nom de *P. didymus* (1) un maxillaire qui se rapproche un peu de celui du *P. Gervaisi*. Mais dans cette espèce les dents sont beaucoup plus grandes, plus espacées, surtout celles des deux rangées intermédiaires; les externes sont beaucoup plus saillantes et ressemblent davantage aux dents de la série principale quoique moins elliptiques qu'elles.

Le maxillaire attribué par Münster (2) au *P. didymus* a les dents beaucoup plus grandes, les internes sont presque carrées, et d'ailleurs cette mâchoire est garnie de 6 rangées de dents.

Le *P. Bucklandi* Agass. a 6 rangées dentaires; de plus les dents intermédiaires sont beaucoup plus grandes que dans l'espèce que nous venons de décrire. Le Pycnodus figuré dans les Beitrage (3) sous le nom de *P. Bucklandi* ressemblerait assez à notre espèce, s'il n'avait 4 rangées dentaires au lieu de 5. L'espèce figurée par Münster n'est pas celle décrite sous ce nom par M. Agassiz.

M. Pictet (4) a donné sous le nom de *P. affinis* Nicolet, un maxillaire inférieur du calcaire à tortues de Soleure

----

(1) *Op. cit.* T. II, p. 193, vol. 2, tab. 72 *a*, fig. 24-25.
(2) *Op. cit.* p. 41, tab. III, fig. 6.
(3) Münster, *Op. cit* p. 40, tab. III, fig. 5.
(4) Pictet et Jacquart. *Op. cit.* Pl. XII bis, fig, 6 *a*, 6 *b*.

qui ne paraît pas appartenir au véritable *affinis*, et qui a la forme générale du *P. Gervaisi*. Mais l'espèce reproduite par M. Pictet a les dents de la rangée médiane plus régulièrement ovalaires, plus obliques ; les dents de la première rangée externe sont moins nombreuses, celles de la rangée la plus externe sont plus régulières, les intermédiaires plus grandes, disposées moins régulièrement ; ce maxillaire a appartenu à une espèce bien plus robuste.

Nous ne connaissons aucune autre espèce qui puisse être confondue avec le *P. Gervaisi*, c'est pourquoi nous croyons que le maxillaire que nous avons fait représenter appartient à une espèce nouvelle, et nous prions M. P. Gervais, le savant professeur de la Faculté des Sciences de Paris, de vouloir bien en accepter la dédicace.

PYCNODUS DUTERTREI Saurg.

(Pl. II, fig. 7.)

Gervais. Zool. et Paléont. gén. Pl. L, fig. 3.

Maxillaire très-robuste, à dents lisses, implantées sans ordre.

Bord dentaire assez fortement concave dans sa partie postérieure. Bord supérieur droit, épais, presque perpendiculaire au précédent. Processus assez marqué. Bord postérieur long (48^{mm}), d'abord légèrement concave, puis présentant une petite saillie au niveau de la première rangée de dents externes, incliné à partir de ce joint fortement en dedans jusqu'au bord symphysaire. Celui-ci est épais, droit, fort. Le bord inférieur présente une courbure uniforme jusqu'à la symphyse.

La *face externe* est divisée en deux par un sillon large, peu profond (11 à 14 mm. de largeur, 1 mm.

environ de profondeur). La partie supérieure ou dentaire inclinée de ce sillon au bord dentaire est beaucoup plus large en arrière qu'en avant (9 mm. 21 mm.). La partie symphysaire ou inférieure inclinée en sens inverse large (16 mm.), est limitée en haut par le sillon, en bas par la symphyse, en avant par le bord inférieur, en arrière par une partie du bord postérieur.

La *face interne* est armée de 5 rangées de dents. La série principale comprend 8 dents grosses, lisses ; la postérieure est arrondie, les 2e et 3e oblongues, les suivantes sensiblement rondes.

A la série interne 5 dents arrondies.

La série externe est composée de dents disposées irrégulièrement sur 3 rangées. La plus interne renferme 11 dents circulaires, disposées, les 8 postérieures, sur une ligne assez sensiblement parallèle à la série principale, les 3 antérieures plus petites étant placées sur une ligne oblique d'arrière en avant. Entre la 5e et la 6e dent de la rangée principale et la 8e et la 9e de la première série externe se trouve une dent isolée, plus enfoncée que les autres. La deuxième rangée comprend 10 petites dents implantées suivant un S très-ouvert. 6 dents seulement sont visibles à la rangée la plus externe ; la postérieure est très-petite ; la 2e et la 3e sont arrondies ; la 4e, la plus grande de toutes, est ovalaire (1) ; la 5e et la 6e sont placées le long de la partie postérieure du bord dentaire ; il devait y avoir une dent entre celles-ci ; à partir de la 6e on voit les traces de l'insertion de 5 dents.

Les dents de la série principale sont inclinées de haut en bas et de dedans en dehors, si l'on suppose l'os

(1) Plusieurs dents présentent une surface semi-lunaire par suite de l'usure de la couche d'émail.

posé à plat ; la rangée externe de la série externe est plus relevée que les deux autres qui se trouvent ainsi dans un sillon assez profond.

A partir de la série interne, l'os est fortement incliné vers la symphyse.

Nous ne connaissons aucun maxillaire figuré, qui puisse être confondu avec l'espèce que nous venons de décrire.

C'est, pour nous, acquitter un devoir que de dédier cette espèce à Dutertre-Delporte, zélé géologue Boulonnais, qui a laissé au Musée de sa ville natale sa précieuse collection locale.

2° *Pycnodus dont le maxillaire inférieur n'a que quatre rangées dentaires.*

PYCNODUS LARTETI *Saurg.*

(Pl. II, fig. I.)

Gervais. Zool. et Paléont. gén. Pl. L, fig. 5.

Maxillaire inférieur assez régulièrement triangulaire.

Face externe partagée en deux par un sillon large (5 à 7 mm.). Les parties symphysaire et dentaire sont fortement inclinées en sens inverse.

La *face interne* est armée de dents disposées sur quatre rangées. Celles de la série principale sont allongées obliquement, au nombre de 8 (1); les postérieures (ind. moyen 72) l'étant beaucoup plus que les antérieures (ind. moy. 88). Ces dents présentent la trace d'un sillon.

---

(1) Nous avons restauré l'échantillon que nous avons fait figurer, au moyen d'autres exemplaires du Musée de Boulogne.

La série interne est composée de dents petites, arrondies, ayant à leur sommet un léger sillon d'où partent des stries, implantées sur une surface élevée au-dessus du reste de l'os de 2 mm. environ. Elles doivent être en plus grand nombre que les principales.

Les dents de la série externe sont disposées sur deux rangées. La rangée intermédiaire comprend 12 dents, rondes, placées dans un sillon assez profond, vis-à-vis des intervalles qui séparent les dents externes. Celles-ci sont losangiques, une des moitiés du losange étant tourné en dehors et dépassant le bord externe ; elles sont d'ailleurs dirigées obliquement en haut et en arrière, de sorte qu'en regardant la mâchoire par son bord externe on voit une série de dents pointues, paraissant obliquement insérées sur une forte racine, aussi large au sommet qu'à la base.

RAPPORTS ET DIFFÉRENCES.—Ce qui distingue essentiellement cette espèce, ce sont les dents externes très-triangulaires, la moitié de la dent dépassant le bord dentaire. L'échantillon figuré par Münster (1) sous le nom de *P. Bucklandi* ressemble un peu au *P. Larteti ;* mais dans l'espèce que nous venons de décrire les dents principales diminuent moins rapidement de volume, elles sont plus régulièrement ovalaires, les internes plus petites, les dents intermédiaires plus rapprochées des principales, dans un sillon plus profond, les dents externes bien plus triangulaires et dépassant davantage le bord. L'espèce décrite par M. Agassiz sous le nom de *P. Bucklandi* a 5 rangées dentaires, dont les intermédiaires sont beaucoup plus grandes.

Le *P. Hugii* Agass. (2) a dû appartenir à une espèce

(1) *Beitrage.* Loc. cit. Tab. III, fig. 5.
(2) Cf. Pictet et Jacquart. *Op. cit.* Pl. XIII, fig. 4-8, p. 56.

beaucoup plus robuste. La mâchoire du *P. Larteti* est plus régulièrement triangulaire ; la rangée interne de dents est droite, elle est tortueuse dans l'autre espèce. Les dents de la rangée médiane sont plus arrondies, plus obliquement placées dans le *P. Larteti;* presque transversales, très-ovalaires dans le *P. Hugii.* Les dents intermédiaires situées dans un sillon moins profond, allongées transversalement dans l'un, le sont longitudinalement dans l'autre. Dans le *P. Hugii* les dents les plus externes sont presque arrondies, elles sont beaucoup plus triangulaires dans le *P. Larteti.*

Le *P. Bernardi* Thioll. (1) pourrait aussi être confondu avec cette dernière espèce. Le maxillaire inférieur a la même forme générale, même nombre de rangées dentaires. Mais le *P. Larteti* diffère de l'espèce décrite dans l'ouvrage de Thiollière par les caractères suivants : dans notre espèce les dents internes sont 4 ou 5 fois plus grosses (dans l'autre leur contour égale à peine celui d'un grain de millet), les dents principales moins allongées sont un peu moins grandes (dans le *P. Bernardi* ces dents couvrent environ la moitié de la mâchoire) ; les dents intermédiaires sont sensiblement de même grosseur que celles de la rangée interne, au lieu d'être plusieurs fois plus fortes qu'elles ; enfin les dents externes sont plus grandes, plus allongées, plus anguleuses en avant.

Ces différences nous paraissent suffisantes pour motiver la création d'une nouvelle espèce, que nous sommes heureux de pouvoir dédier à notre savant paléontologiste, M. Lartet (2).

---

(1) Thiollière. *Description des poissons fossiles provenant des gisements coralliens du Jura, dans le Bugey.*

(2) Cette espèce est assez commune dans nos formations du Portland.

ESPÈCE DOUTEUSE.

Nous avons fait représenter (pl. II, fig. 3) un fragment de maxillaire inférieur trouvé par Dutertre dans les roches portlandiennes du Portel, et appartenant au Musée de Boulogne. Il ressemble beaucoup au maxillaire figuré par le comte de Münster sous le nom de *P. didymus;* mais ce n'est nullement l'espèce décrite par M. Agassiz, espèce qui a les dents ovales, très-petites et très-écartées, et non trapéziformes et grandes.

L'espèce représentée dans les *Beitrage* est probablement nouvelle ; il doit en être de même pour la mâchoire venant du Boulonnais.

(B)—**Plaques vomériennes.**

PYCNODUS SUBCONTIGUIDENS *Sauvg.*

(Pl. II, fig. 10, 11.)

Gervais. Zool. et Paléont. gén. Pl. L, fig. 9.

Vomer cunéiforme, présentant au milieu de sa face supérieure une arête, creusée d'une rigole articulaire, d'autant plus élevée au-dessus du reste de l'os que l'on se rapproche davantage de la partie postérieure. Vers le tiers postérieur de l'os, cette arête s'incline brusquement en sens inverse, c'est-à-dire d'avant en arrière, et va se terminer à une surface concave correspondant à la racine de la première dent de la rangée médiane. Les deux côtés de cette arête sont perpendiculairement coupés (2,5^{mm} de hauteur à la partie antérieure, 7,5 à la partie la plus élevée, 6 à la postérieure) ; une dépression assez considérable règne de chaque côté et est limitée en dehors par la racine des dents externes.

Au milieu de la face postérieure se voit la fossette

ovalaire dont nous avons parlé plus haut ; de chaque côté, en dehors, cette fossette est limitée par une légère crète partant du collet de la dent. Plus en dehors encore est un espace coupé obliquement de dedans en dehors et d'arrière en avant, correspondant à la première dent de la rangée intermédiaire.

La face buccale ou inférieure est garnie de cinq rangées de dents lisses.

La rangée principale ou médiane comprend 6 dents à diamètre longitudinal plus grand que le transversal (indice dentaire moyen 91), à volume assez décroissant (longueur variant de 85 à 50 ; largeur, de 80 à 45). Ces dents se touchent toutes.

Les dents de la rangée intermédiaire, au nombre de 10 (à la partie antérieure on voit la trace d'une dent), sont plates, irrégulières, à grand diamètre dirigé de dehors en dedans et d'arrière en avant. *Elles ne touchent pas les principales* et ne sont pas en contact entre elles ; pour la plupart, elles sont en rapport avec les dents externes.

Celles-ci, à bord externe droit, de forme assez irrégulière, toutes en contact entre elles, sont au nombre de 10 (la partie antérieure présente la trace d'une racine); la première dépasse un peu en arrière la dent postérieure de la rangée médiane ; la racine va en se rétrécissant à la base, rappelant le caractère du genre *Typodus* Quenst. Ces dents sont plus élevées que les intermédiaires, placées ainsi dans un sillon assez profond. Plus grosses que celles de la rangée intermédiaire, elles sont de moitié plus petites que les dents de la rangée principale.

RAPPORTS ET DIFFÉRENCES. — Une seule espèce peut être confondue avec celle que nous venons de décrire.

Le *P. contiguidens* Pictet (1) a les dents de la rangée principale se touchant toutes sur la ligne médiane. Mais le vomer que nous venons de décrire diffère de l'espèce créée par M. Pictet. Les dents de la rangée intermédiaire du *P. subcontiguidens ne sont pas en contact* avec celles de la rangée médiane (un intervalle de 1,5^{mm} sépare certaines de ces dents); dans le *P. contiguidens*, au contraire, ces dents *se touchent*. Mêmes différences pour les dents des rangées intermédiaire et externe, qui se touchent dans le *P. contiguidens*, qui peuvent ne pas être en rapport dans le *P. subcontiguidens*. De plus, notre espèce, créée sur un vomer entier, n'a que 6 dents principales; l'espèce décrite par le savant naturaliste suisse, beaucoup plus petite, a 8 dents.

Le vomer sur lequel nous avons fait notre espèce a été donné par Dutertre-Delporte au Musée de Boulogne-sur-Mer.

PYCNODUS DUTERTREI *Sauvg*.

(Pl. II, fig. 8.)

Gervais. Zool. et Paléont. gén. Pl. L, fig. 2, 2 *a*.

Vomer grand, allongé, à dents lisses.

Rangée principale garnie de 8 dents grandes, dont les 4 postérieures sont allongées transversalement (ind. dent. moyen 109), et les autres sensiblement circulaires (ind. dent. moyen à peu près 100). Ces dents ne se touchent pas sur la ligne médiane.

Douze dents se voient à la rangée intermédiaire ; placées dans un sillon assez profond, elles ne sont en con-

---

1. Pictet et Jacquart. *Op. cit.* p. 69. Pl. XVI, fig. 1 *a* et *b*.

tact ni entre elles ni avec les principales. Ces dents sont subcirculaires ; leur volume diminue d'arrière en avant (: 5 :: 2); elles ne commencent pas en arrière au même niveau, et en général elles alternent entre elles, le sillon qui les sépare correspondant à la dent du côté opposé, et *vice versâ*.

Les dents de la rangée externe, au nombre de 12, sont à peu près de même grosseur que les dents intermédiaires correspondantes et, comme elles, diminuent assez rapidement de volume. Leur bord externe est comme tronqué et coupé par le milieu. Ces dents ne se touchent pas. Nous en dirons ce que nous avons dit des dents intermédiaires : elles ne commencent pas, en arrière, à la même hauteur, et alternent avec les dents intermédiaires et entre elles.

RAPPORTS ET DIFFÉRENCES. — Cette espèce diffère de la précédente, avec laquelle, au premier abord, elle a quelques rapports, par son vomer plus grand, le nombre de dents de chaque rangée plus considérable, etc. Dans le *P. subcontiguidens* les dents de la rangée médiane sont allongées longitudinalement et se touchent toutes ; dans le *P. Dutertrei* elles sont allongées transversalement et ne sont pas toutes en contact entre elles. Les dents intermédiaires dans la première espèce sont irrégulières ; toutes les dents externes sont en rapport entre elles ; les dents intermédiaires du *P. Dutertrei* sont beaucoup plus régulières, plus espacées ; enfin les dents externes ne se touchent pas.

Nous n'avons pas besoin de signaler les différences avec le *P. contiguidens* Pict., dont cette espèce s'éloigne encore plus que la précédente.

Le *Typodus splendens* Quenst. (1) a les dents beau-

(1) *Der Jura*, p. 781, tab. 96, fig. 16-17.

coup plus écartées, et entre celles de la rangée principale est un intervalle presque aussi grand qu'une dent ;
de plus, les intermédiaires, très-espacées, sont allongées transversalement.

Dans le *Typodus annulatus* du même auteur, les
dents, beaucoup plus grosses, présentent un sillon annulaire (1).

Les dents de la rangée médiane du *Pycnodus (Gyrodus) affinis* Pict. ont à peu près les mêmes caractères
que celles du *P. Dutertrei*; mais notre espèce manque
du sillon qui caractérise les *Gyrodus* (2).

Nous considérons le vomer que nous venons d'étudier
comme appartenant à la même espèce que le maxillaire
inférieur que nous avons décrit plus haut sous le nom
de *P. Dutertrei*. La grandeur du vomer, dont les dents
sont lisses, non continues, disposées assez irrégulièrement, rend cette assimilation fondée.

L'échantillon figuré appartient au Musée de Boulogne
et a été trouvé par Dutertre-Delporte dans le terrain
Portlandien du Portel.

DENTS ISOLÉES.

M. Quenstedt (3) rapporte à deux types les dents inci-
sives isolées de Pycnodontes venant du Jura blanc ç de
Schwaitheim : les unes, au *Gyrodus umbilicus* Agass.,
et les autres à une espèce nouvelle, le *Pycnodus mitratus*. M. Pictet (4) signale de l'étage virgulien du Jura
Neuchâtelois, dont la faune ichthyologique a tant d'analogies avec celle du Jura blanc ç, des dents se rappro-

(1) *Der Jura*, p. 781, tab. 96, fig. 18.
(2) Pictet et Jacquart. *Op. cit.* p. 62. Pl. XV, fig. 1-2.
(3) *Der Jura*, p. 782. Pl. 96, fig. 27-29.
(4) Pictet et Jacquart, *Op. cit.* p. 70.

chant des deux types admis par **M.** Quenstedt ; mais il les attribue toutes aux *Pycnodus gigas* ou *affinis.* Du type *mitratus* au type *umbilicus* on a d'ailleurs toutes les transitions.

Le musée de Boulogne possède des dents appartenant au premier type (1) caractérisé par des dents fortement bombées sur leur face externe, arquées et excavées à la face interne, qui présente vers sa base des plis et qui est bordée par une sorte de carène (fig. 30, pl. I). Ces dents n'appartiennent certainement pas au *G. umbilicus* d'Agassiz. On n'a qu'à jeter les yeux sur le vomer de cette espèce qui est figuré pl. II, fig. 12, et sur les planches de l'ouvrage de MM. Pictet et Jacquart, pour voir qu'il est impossible d'attribuer au *G. umbilicus* les dents du premier type. Nous aimons mieux être de l'avis de M. Pictet et considérer ces dents comme appartenant à un *Pycnodus*, probablement au *P. gigas* ou au *P. affinis.*

Les dents du second type, dont le musée de Boulogne possède aussi quelques échantillons, sont massives, à pointe assez mousse ; lisses, faiblement excavées, elles n'ont pas d'arêtes, la face concave se confondant insensiblement avec les flancs (2).

G. GYRODUS *Agassiz.*

GYRODUS UMBILICUS *Agass.*

(Pl. II, fig. 12.)

Agassiz. Op. cit. T. II, p. 227, vol. 2, tab. 69 *a,* fig. 27-28.
Gervais. Zool. et Paléont. gén. Pl. L, fig. 10.

Vomer grand, dont les dents présentent un sillon cir-

(3) Pictet et Jacquart. *Op. cit.* Pl. XVI, fig. 2-10.
(4) Pictet et Jacquart. *Op. cit.* Pl. XVI, fig. 11.

culaire large, sans plis ni pointillé, caractère qui les distingue de celles de l'espèce suivante.

On compte dix dents à la rangée principale en contact entre elles ; elles sont allongées transversalement (indice dentaire moyen 110) et diminuent rapidement de volume. Le sommet de la dent est entouré d'un large sillon, qui s'efface par l'usure.

Les dents de la série intermédiaire, qui occupent le fond d'une rainure profonde, sont au nombre de 12 ; leur grand diamètre est dirigé longitudinalement, un peu en dedans. Ces dents sont beaucoup plus longues que larges ; leur sommet est entouré d'un large sillon ; elles commencent en arrière des dents médianes et sont asymétriquement placées. Certaines de ces dents correspondent à l'espace qui sépare deux dents médianes ; d'autres sont placées vis-à-vis de ces dernières.

Les dents externes sont fortement tronquées à leur bord externe et présentent un sillon demi-circulaire, au-dessus duquel s'élève le sommet comme l'umbo d'un bouclier. Ces dents, au nombre de 12, sont plus grandes que celles de la rangée intermédiaire, avec lesquelles elles alternent assez régulièrement. La dent d'un côté correspond à l'espace interdentaire de sa dent similaire.

RAPPORTS ET DIFFÉRENCES. — L'échantillon que nous avons décrit et représenté appartient au Musée de Boulogne et a été trouvé par Dutertre-Delporte. Il doit être attribué au *G. umbilicus* Agass. M. Agassiz n'avait à sa disposition que des exemplaires incomplets ; il n'indique, en effet, que 5 dents à la rangée principale et 9 à la rangée externe, et considérait cette espèce comme le vomer du *G. jurassicus* Agass. Nous ferons, à ce propos, remarquer que nous croyons que le *G. lævior* Agass. doit être réuni au *G. jurassicus*, dont il ne diffère que par le sillon plus large de la dent, le sommet de la couronne étant proportionnellement plus étroit (1).

L'espèce que M. Quenstedt (2) a figurée sous le nom de *G. umbilicus* et qui provient de Schwaitheim ne nous paraît pas répondre à l'espèce créée par Agassiz. Les figures 15 et 26 de la planche 96 de l'ouvrage *Der Jura* représentent des dents du *G. Cuvieri* Agass. et non du *G. umbilicus*.

GYRODUS CUVIERI *Agass.*

(Pl. II, fig. 13.)

Gervais. Zool. et Paléont. gén. Pl. L, fig. 11.

Vomer beaucoup plus grand que dans l'espèce précédente, à dents ombiliquées, pointillées et ridées.

La rangée principale est composée de 8 dents (il paraît y avoir la trace d'une neuvième dent) sensiblement arrondies antérieurement (indice moyen 99), les quatre postérieures (ind. moyen 105) étant un peu allongées transversalement. Ces dents non usées devaient présenter un large sillon, la partie la plus renflée étant tournée en avant; sur la surface supérieure on voit de nombreuses rides.

Douze dents placées dans un sillon profond forment la rangée intermédiaire (3). Ces dents sont beaucoup plus petites que celles de la rangée principale. Les unes arrondies, les autres allongées transversalement; elles ne se correspondent pas. Le sillon caractéristique des *Gyrodus* est des plus manifestes : chaque dent présente un large anneau au-dessus duquel s'élève le sommet

---

(1) *Op. cit.* T. II, p. 233, vol. 2, tab. 69 *a*, fig.2.
(2) *Der Jura*, p. 781.
(3) On voit treize dents au côté droit.

ombiliqué lui-même ; de nombreuses rides creusent cette surface supérieure.

Les dents de la rangée externe, au nombre de dix ou onze, sont grandes, à volume peu décroissant, de sorte que le grand diamètre de la dent postérieure étant représenté par 70, celui des dents antérieures l'est encore par 55 ; les dents les plus grandes sont situées vers le milieu du vomer. Elles sont comme tronquées au bord externe et présentent un sillon concentrique demi-circulaire. Leur surface, un peu usée dans nos exemplaires, ne laisse voir que peu des ponctuations que ces dents devaient présenter (1).

La racine dentaire est forte, creuse. On voit à la place de la couronne, lorsque la dent a disparu, un enfoncement, et à l'intérieur de celui-ci un second cercle moins étendu qui donne le diamètre de la racine (2).

RAPPORTS ET DIFFÉRENCES. — Une seule espèce peut être confondue avec celle que nous venons de décrire, l'espèce figurée par M. Agassiz sous le nom de *G. punctatus* (3) et considérée par lui comme le vomer du *G. Cuvieri*, d'après la forme des dents et leur pointillé. Mais le vomer du *G. punctatus* est beaucoup plus petit, moins allongé que celui qui vient d'être étudié. Dans le *G. punctatus*, de plus, « les dents externes sont, en « arrière, aussi grandes que celles de la rangée mé- « diane ; mais elles diminuent au point que les anté- « rieures sont à peine plus grandes que celles de la « rangée intermédiaire. »

(1) Il semble y avoir au côté droit, très en arrière, la trace de la racine d'une douzième dent

(2) Le musée de Boulogne possède deux vomers de cette espèce donnés par Dutertre. Des dents isolées ont été aussi trouvées dans le Kimméridge et le Portland.

(3) *Op. cit.* T. II, p. 231, vol. 2, tab. 69 *a*, fig. 24.

Le *Gyrodus Cuvieri* (1) est une espèce dont M. Agassiz ne connaissait que le maxillaire inférieur (2). Elle est caractérisée par le sillon annulaire très-développé de ses dents et les rides nombreuses de la couronne. Nous croyons que l'échantillon que nous faisons figurer rappelle beaucoup plus le *G. Cuvieri* que ne le fait le *G. punctatus ;* c'est pourquoi nous le rapporterons à la première de ces espèces, ne regardant pas le *G. punctatus* comme le vomer du *G. Cuvieri.*

PHARYNGIEN.

Un os ou plutôt deux os soudés ensemble et portant 18 dents lisses, trouvés avec le maxillaire inférieur et le vomer du *Pycnodus Dutertrei* (3), sont représentés pl. II, fig. 9.

Le bord antérieur est épais, convexe. Le bord postérieur, encore plus épais, présente deux concavités séparées en haut par un tubercule sur lequel est la trace de la suture qui réunit les deux os. La face buccale, légèrement concave, est garnie de 18 dents lisses, disposées suivant trois lignes concentriques. Le plus postérieur est armé de deux grosses dents arrondies, en dedans et en avant desquelles en sont deux autres beaucoup plus petites. La seconde rangée comprend quatre dents de chaque côté et deux autres dents médianes qui corres-

(1) *Op. cit.* p. 230, vol. 2, tab. 69 *a*, fig. 21-23.

(2) M. Agassiz indique les plus beaux échantillons de cette espèce comme appartenant à Bouchard-Chantereaux, de Boulogne. Le musée de cette dernière ville ne possède aucun maxillaire inférieur pouvant être rapporté au *G. Cuvieri.* Au British Museum se trouve un vomer de cette espèce venant de Poulshot, et un maxillaire inférieur trouvé à Boulogne.

(3) *Gervais.* Zool. et Paléont gén. Pl. L, fig. 4, 4 *a*.

pondent à peu près à celles de la rangée postérieure. Enfin, le long du bord antérieur sont implantées quatre dents beaucoup plus saillantes que les autres : il est possible que des dents en plus grand nombre aient été insérées le long de ce bord. L'autre face, convexe, présente un tubercule assez saillant, situé sur la même ligne que celui du bord supéro-postérieur (1).

Nous considérons ces pharyngiens comme devant être rapportés au *Pycnodus Dutertrei* Sauvg.

OSSEMENTS ISOLÉS.

Le musée de Boulogne possède plusieurs ossements isolés recueillis par Dutertre-Delporte dans l'argile kimméridgienne de Châtillon et de Moulin-Wibert. Ils sont représentés à la pl. II.

La fig. 15 est celle d'un opercule : « Dans le *Lepi-* « *dostée* (2), l'opercule est triangulaire, à angles ar- « rondis, un peu bombé en dehors, creux en dedans, « où il présente une face articulaire. » Cette description caractérise parfaitement notre opercule. Ajoutons que la partie articulaire est forte, assez creusée ovalairement. Cet os ressemble à celui qu'a figuré M. Pictet, comme l'operculaire du *Lepidotus lœvis;* celui-ci est arrondi ; il forme un angle très-peu marqué à son tiers inférieur; à la partie antérieure se voit une impression qui paraît due au bord postérieur du préopercule (3).

____

(1) Cf. Cuvier : *Règ. animal,* t. II, pp. 267 et 287. — Voy. les échantillons du mus. d'hist. nat. de Paris : anatomie comparée, *salle* V, *V.* 1352 *et* 1356.

Comme forme générale, ces pharyngiens ressemblent aux pharyngiens inférieurs de *Scarus maculosus;* la disposition des dents se rapproche davantage de celle des *Labres.*

(2) Agassiz. *Op. cit.* T. II.

(3) Pictet et Jacquart. *Op. cit.* Pl. VI, n° 6.

A la fig. 14 est un os qui est probablement aussi un operculaire. Il est grand, fort, et a dû appartenir à une espèce robuste. La face interne, concave dans son ensemble, est partagée dans son milieu par une légère arête, à partir de laquelle les deux moitiés de cette face sont inclinées en sens inverse. La face externe est fortement convexe. Le bord le plus épais présente une surface articulaire ovalaire et concave ; l'autre bord, une surface plus allongée, à peu près plane. Les bords latéraux sont minces. M. Agassiz (1) a signalé dans le *Lepidosteus osseus*, en dehors du préopercule, un os quadrangulaire. Seulement, le nôtre manque du trou qui chez le *Lepidosteus* laisse passer l'artère hyoïde du premier arc branchial.

La pièce représentée fig. 16 est composée de deux os ayant été rapprochés et soudés par la fossilisation. L'un est un orbitaire.

L'autre os, plat sur une de ses faces, est recouvert d'une foule d'aspérités formant rape, arrondies, augmentant de volume. Sur l'autre face, cet os semble formé de deux moitiés réunies entre elles, séparées par un sillon, et allant en s'élargissant. Cet os doit être un lingual, et ressemble assez à ceux des *Vastres* (Cf. l'ouvrage de Cuvier et Valenciennes sur les *Poissons*, T. XIX, et les linguaux de *Vastres Agassizii* Cuv. Val., *V. Jussiœi* Cuv. Val., *V. Condaminei* Cuv. Val. au Muséum d'histoire naturelle de Paris (anat. comp., salle V).

De nombreuses vertèbres se trouvent dans nos formations du Kimméridge et du Portland. Certaines de ces vertèbres doivent être rapportées à des *Ganoïdes*, d'au-

____

(1) Op. cit. T. II.

tant plus qu'à l'examen microscopique on aperçoit des corpuscules osseux.

Dans la magnifique collection du *Geological Survey*, à Londres, des vertèbres ressemblant assez aux nôtres ont été attribuées au *Lepidotus minor*. Nous rapporterions la plupart des vertèbres de nos étages jurassiques supérieurs au *L. Lævis*, dont les débris sont si abondants dans ces formations.

Les *Pycnodontes* ont une corde dorsale entourée de pièces, désignées par M. Heckel sous le nom de *demi-vertèbres*. Le musée de Boulogne possède une de ces demi-vertèbres, qui lui a été donnée par Dutertre-Delporte.

PLACOIDES.

———

Fam. des Cestraciontes Agass.

———

G. STROPHODUS.

Dents allongées, plus ou moins en forme de rectan-
gle ou de parallélogramme, plus ou moins tordues ou
infléchies dans leur longueur. Surface réticulée. Racine
plate et large.

STROPHODUS RETICULATUS *Agass*.

Agassiz. Op. cit. T. III, p. 122, vol 3, tab. 17.
Pictet. Traité de Paléontologie. T. II, p. 261.
Münster. Op. cit. p. 46.
Gervais. Paléontologie française. Pl. 78.
Syn. *Psammodus reticulatus* Agass. et Sir Philip Egerton, Cat.

Dents variant beaucoup, suivant la place qu'elles
occupent.

Les dents moyennes sont grandes, allongées, arrondies
au bord antérieur, coupées au bord postérieur, présentant une ondulation marquée dans le sens antéro-posté-
rieur. La face supérieure est bombée, surtout en avant,
s'arrondissant près de la couronne, dont elle est séparée
par un léger sillon. Cette face supérieure est ornée d'un

réticulation très-serrée, fine, plus lâche cependant en s'approchant de la couronne; réseaux laissant entre eux des pores petits, ponctiformes.

Dents antérieures bombées au milieu, plus lâchement réticulées.

Dents latérales losangiques, à réticulation moins fine.

Nous laissons dans cette espèce trois dents latérales de la grande oolithe de Marquise, qui ne répondent cependant pas aux figures que M Agassiz a données du *S. reticulatus*, mais le caractère de la réticulation est le même. Ces dents ont une forme assez triangulaire ; elles sont arrondies, la face supérieure étant inclinée vers le plus long bord, où elle finit insensiblement ; au contraire, vers les deux autres côtés, les faces sont taillées assez perpendiculairement.

Fuller's earth (Leguay, Rigaux); Cornbrash (Sauvage); Forest Marble (collection Tesson au British Museum); Bathonien de Marquise (Bouchard, Dutertre, Museum d'histoire naturelle de Paris).

STROPHODUS SUBRETICULATUS *Agass.*

Agassiz. Op. cit. T. III, p. 125, vol. 3, tab. 18, fig. 5-10.
Pictet. Op. cit. T. II, p. 261.
Pictet et Jacquart. Op. cit. p. 76, pl. XVII, fig. 3-15.
Münster. Op. cit. p. 46.
Gervais. Paléontologie française. Pl. LXXVIII, fig. 12.

Les dents moyennes sont grandes, larges, fortement bombées à la partie antérieure, coupées carrément à l'union avec la couronne, dont le reste de la dent est séparé par un léger sillon. Racine forte, épaisse. Subréticulation, pores assez grands, ovalaires. Réticulation de plus en plus lâche à mesure que l'on arrive aux dents antérieures. La dent devient alors plus petite, se bombe

au milieu, et c'est de ce centre que rayonnent les stries
en formant des mailles allongées. Les dents antérieures
sont ramassées, pointues ; du sommet de la dent part,
de chaque côté, une crête qui se termine à la couronne et
d'où naissent les stries.

RAPPORTS ET DIFFÉRENCES.—M. Agassiz a séparé avec
doute cette espèce du *S. reticulatus;* il l'a créée pour des
dents du calcaire à tortues de Soleure. M. Pictet a nommé *S. subreticulatus* toutes les dents de l'étage virgulien du Jura Neuchâtelois. Ces deux *Strophodus* sont
confondus par M. Quenstedt dans son ouvrage *Dér
Jura :* cet auteur figure (tab. 96, fig. 35), sous le nom
de *subreticulatus,* une dent longue, étroite, du Jura
blanc ℓ de Schwaitheim, qui, d'après la remarque de
M. Pictet, doit être rapportée au *S. reticulatus* d'Agassiz,
et (id. fig. 36-38) trois dents larges, plus ou moins losangiques, à réticulation plus marquée, qui répondent à la
figure que M. Agassiz a donnée du *S. subreticulatus.*
C'est à tort que M. Quenstedt a nommé *S. reticulatus*
les trois dents dont nous venons de parler.

Le *S. subreticulatus* nous paraît différer du *reticulatus* par plusieurs caractères : les dents sont plus
grandes, plus trapues ; celles de la partie moyenne plus
renflées ; la surface est plus lâchement réticulée, surtout aux dents antérieures, où les espaces laissés entre
les plis sont très-larges.

STROPHODUS TENUIS *Agass.*

Agassiz. Op. cit. T. III, p. 127, vol. 3, tab. 18, fig. 16-25.
Pictet. Op. cit. T. II, p. 261.
Münster. Op. cit., p. 47.

Formes grêles et allongées. Dents antérieures ramassées. On y remarque « une forte quille qui se perd sur

« les côtés de la partie centrale la plus élevée des dents. »
Extrémités rétrécies.

Dents de la partie moyenne bombées au milieu, allongées à une extrémité, coupées un peu en biais à l'autre. Surface réticulée, à mailles assez larges ; couronne à plis plus espacés, un peu obliques.

Du Bathonien, surtout du Cornbrash.

STROPHODUS HAMYI *Sauvg.*

(Pl. III, fig. 4, 5.)

Nous avons établi cette espèce pour une dent de la grande oolithe de Marquise qui ne peut être rapportée ni au *S. reticulatus* ni au *S. subreticulatus*. Elle ne répond à aucune des figures que M. Dollfuss donne du *S. normanianus*.

Dent antérieure irrégulièrement quadrilatère, portée sur une forte racine, très-bombée au milieu ; de cette saillie partent des réticulations lâches qui se dirigent vers la couronne.

Nous donnons à cette espèce le nom de M. E. T. Hamy, à l'obligeance de qui nous devons nos dessins.

STROPHODUS BEAUGRANDI *Sauvg.*

(Pl. III, fig. 6.)

Dent carrée, peu bombée. Le bord antérieur est légèrement excavé, le postérieur arrondi. Les réticulations partent d'un point un peu élevé au-dessus du reste de la dent, et excentrique. Les pores sont étroits ; à la couronne les plis sont verticaux.

Nous ne connaissons aucune espèce qui puisse être confondue avec celle-ci ; la dent que nous figurons n'a aucune ressemblance avec celles des *S. reticulatus* et *subreticulatus*. Nous prions M. Beaugrand de vouloir bien en accepter la dédicace : cette espèce a été trouvée par lui dans l'étage kimméridgien, zône à *Arca longi rostris*.

G. CURTODUS *Sauvg.*

Dents ovales ou arrondies, réticulées, en dos d'âne.

Nous avons créé ce genre pour des dents qui diffèrent de celles des *Strophodus*, en ce qu'elles ne sont pas infléchies suivant leur longueur, mais bombées.

CURTODUS RIGAUXI *Sauvg.*

(Pl. III, fig. 7, 7 *a*.)

Dents de grandeur moyenne, ovalaires, plus renflées à la partie moyenne qu'aux latérales, en dos d'âne. Les réticulations de la surface semblent rayonner de la partie la plus élevée, formant une série de mailles affectant la forme losangique en haut, beaucoup plus allongées vers la racine. Les pores sont larges, mais deviennent beaucoup plus étroits en s'approchant de la couronne ; celle-ci est séparée du reste de la dent par un léger bourrelet d'où partent des réticulations verticales.

Cette espèce, le type du genre, donnée par Bouchard au musée de Boulogne, provient du Bathonien de Marquise. Nous nous faisons un plaisir de pouvoir la dédier à M. Edmond Rigaux, zélé administrateur de ce musée.

CURTODUS CORALLINUS *Sauvg.*

(Pl. III, fig. 8.)

Dent grande, large, bombée Réticulations partant

d'une ligne longitudinale ; celles qui se dirigent vers le bord postérieur sont serrées, les pores sont étroits ; celles qui divergent vers le bord antérieur sont, au contraire, larges, elliptiques, excepté vers la couronne, où elles deviennent ovalaires et beaucoup plus fines.

Cette dent a été trouvée par M. Beaugrand dans le Corallien (zône à *Nerinea Goodhallii*). Elle n'appartient pas à la même espèce que celle que nous avons décrite sous le *C. Rigauxi*. Les réticulations rayonnent d'un point dans celle-ci, d'une crête longitudinale dans celle-là.

G. ACRODUS.

Dents allongées, ornées de rides transversales qui divergent d'une saillie longitudinale, en formant avec elle un angle plus ou moins aigu.

ACRODUS ELEGANS *Sauvg.*

(Pl. III, fig. 9.)

Dent allongée, gaufrée, renflée en un point où commence une crête longitudinale. Un des bords est plus long que l'autre, celui-ci- étant sensiblement arrondi, l'autre droit. Surface élégamment ornée de rides partant de l'arête médiane et faisant avec elle un angle aigu en avant ; les rides secondaires sont elles-mêmes striées. Sur les bords de la dent, les réticulations deviennent plus serrées, laissant entre elles des pores ovalaires. Couronne à plis nombreux, serrés.

Nous avons établi cette espèce pour une dent donnée par Bouchard au Musée de Boulogne et trouvée par lui dans la grande oolithe de Marquise. Aucune espèce, à notre connaissance, ne peut être confondue avec elle.

G. PTYCHODUS.

Dents plus ou moins carrées. La partie émaillée
forme un mamelon plus ou moins aplati à son sommet,
qui est sillonné transversalement de très-gros plis saillants, séparés par des sillons parallèles. Les bords sont
ornés d'une granulation plus ou moins fine, d'un réseau
de plis plus ou moins réguliers, moins saillants et plus
serrés.

PTYCHODUS LATISSIMUS *Agass.*

Agassiz. Op. cit. T. III, p. 157, vol. 3, tab. 25 *a* et tab. 25 *b.*,
        fig. 24-26.
Pictet. Op. cit. p. 265.

Plis de la surface larges, distants, à bords très-tran-
chants et peu nombreux ; les côtés de la dent sont ornés
de grosses granulations qui deviennent de plus en plus
petites jusqu'aux bords. Le bord antérieur est convexe,
avec de grosses rides interrompues ; le postérieur
concave, arqué et creux ; sa surface est ornée de mamelons allongés.

Cette belle espèce a été trouvée par M. Quandalle, à
Zoteux. (Musée de Boulogne.)

Fam. des Hybodontes Agass.

G. HYBODUS.

Dents pourvues d'un cône médian, sensiblement
allongé, subulé et pointu, flanqué des deux côtés d'un
certain nombre de cônes secondaires. Le cône principal

est plus ou moins comprimé de dehors en dedans, de sorte que la face externe est plus forte que l'interne. La surface de l'émail est couverte de plis verticaux. Les dents postérieures ont le cône principal à peine saillant.

HYBODUS GROSSICONUS *Agass.*

Agassiz. Op. cit. T. III, p. 184, vol. 3, tab. 23, fig. 25-41.
Pictet. Op. cit. T. II, p. 257.
Gervais. Op. cit. p. 536.

Cônes secondaires irréguliers. Grande largeur du cône principal au moins aussi large que la moitié de la dent entière ; les plis sont fins et s'arrêtent vers le milieu, de sorte que la pointe de la dent est lisse.

De nombreuses dents de cette espèce, trouvées par Dutertre dans le Kimméridgien (zônes de l'*Arca longirostris* et de la *Thracia depressa)* et le Portlandien (zône de la *Perna Suessii),* se trouvent au Musée de Boulogne-sur-Mer.

HYBODUS OBTUSUS *Agass.*

Agassiz. Op. cit. T. III, p. 186, vol. 3, tab. 23, fig. 43-44.
Pictet. Op. cit. p. 257.
Gervais. Op. cit. p. 536.

Diffère des autres par ses cônes secondaires très-développés.

Cette espèce et les suivantes appartiennent au Musée de Boulogne et ont été recueillies par Dutertre. M. Beaugrand en possède aussi de nombreux exemplaires.

Cet *Hybodus* est de la zône à *Ceromya orbicularis* du Kimméridge.

HYBODUS INFLATUS *Agass.*

Agassiz. Op. cit. T. III, p. 186, vol. 3, tab. 23, fig. 42.
Pictet. Op. cit. T. II, p. 257.
Gervais. Op. cit. p. 536.

Dent grosse, ramassée, courte ; dentelons forts.
Du Portlandien, zône à *Perna Suessii* (1).

HYBODUS MONOPRION *Quenst.*

Quenstedt. Dër Jura, p. 348, tab. 47, fig. 31-32.

De nombreuses dents du Kimméridge se rapprochent beaucoup plus de cette espèce que de l'*H. polyprion* Agass. (2); elles n'ont, en effet, qu'un seul cône de chaque côté.

Cette espèce a été créée par M. Quenstedt pour des dents du Jura brun ɣ.

Musée de Boulogne et collection de M. Beaugrand (zône du *Ceromya orbicularis*, de l'*Arca longirostris*, et de la *Thracia depressa*).

Ichthyodorulithes.

(A) — HYBODUS.

Les rayons d'*Hybodus* sont ornés de fortes arêtes longitudinales alternant avec des sillons assez profonds. La partie cachée dans les chairs, finement striée, est ou-

---

(1) Ces trois espèces sont indiquées comme de Boulogne par M. Gervais, qui les avait reçues de Bouchard. Il cite aussi l'*H. polyprion*, probablement *H. monoprion* de Quenstedt.

(2) *Poiss. foss.* T. III, p. 185, vol. 3, tab. 23, fig. 1-15.

verte au côté postérieur en un sillon évasé. Le bord postérieur est armé de dents sur deux rangées qui finissent par se rapprocher et se confondre.

HYBODUS SUBCARINATUS *Agass*.

Agassiz. Op. cit. T. III, p. 46, vol. 3, tab 10, fig. 10-12.
Pictet. Op. cit. T. II, p. 258. *Atlas*, pl. 39, fig. 5.

Épine petite, ensiforme. Bord antérieur tranchant. Bord postérieur ouvert inférieurement en un sillon assez profond, puis, plus haut, arrondi, lisse, armé de dents fortes, lisses, disposées sur deux rangées très-rapprochées à la partie inférieure, se confondant en une seule rangée vers la pointe. Faces latérales incurvées, armées de quelques arêtes beaucoup plus étroites que les sillons qui les séparent, convergeant vers la pointe. L'espace compris entre les arêtes est orné de petites stries irrégulièrement disposées.

Cet *Hybodus* a été trouvé par Dutertre-Delporte dans l'argile du Moulin-Wibert (Kimméridgien). M. Beaugrand l'a retrouvé dans l'argile à *Perna Bouchardi*.

HYBODUS ACUTUS *Agass*.

Agassiz. Op. cit. T. III, p. 45, vol. 3, tab. 10, fig. 4-6.
Pictet. Op. cit. T. II, p. 258.

Cette espèce est caractérisée par sa forme un peu comprimée ; les dents du bord postérieur sont légèrement arquées et disposées sur deux rangées très-rapprochées.

Un rayon de cette espèce a été ramassé par M. F. Nicolaï dans les Schistes à *Thracia depressa* de Châtillon.

HYBODUS RETICULATUS *Agass.*

Agassiz. Op. cit. T. III, p. 49, vol. 3, tab. 8 *b*, fig. 4-6.
Pictet. Op. cit. T. II, p. 258.

Le mauvais état de conservation des Ichthyodorulithes
que nous avons vues nous les fait rapporter avec doute à
l'*H. reticulatus*. Ils ressemblent aussi un peu à l'*H. cur-
tus*, fait peu important, puisque l'on sait maintenant
que ces deux Ichthyodorulithes, décrites par M. Agassiz
comme espèces distinctes, sont la première et la seconde
défense dorsale du même poisson, et doivent dès-lors
être réunies sous un seul nom. (Cf. Egerton. *Mem. of
the geol. Survey.* Dec. VIII.)

Ces fragments, donnés par Dutertre au Musée de
Boulogne, viennent du Kimméridge supérieur.

HYBODUS PLEIODUS *Agass.*

Agass. Op. cit. T. III, p. 45, vol. 3, tab. 10, fig. 13-17.
Pictet. Op. cit. T. II, p. 258.

Un fragment d'Ichthyodorulithe que possède le Musée
de Boulogne répond à la figure et à la description que
M. Agassiz a données de l'*H. pleiodus*.

Arêtes et sillons réguliers. Face postérieure voûtée
dans son milieu et parsemée de dents obtuses disposées
irrégulièrement sur deux rangées inégales. Toute cette
face est finement striée longitudinalement.

(B) — ASTERACANTHUS.

Rayons grands, dont la surface est couverte de tubercules étoilés. La base, lisse, présente à la face postérieure un large sillon à bords arrondis.

Selon M. Agassiz, ces Ichthyodorulithes appartien-
draient probablement au genre *Strophodus*.

ASTERACANTHUS LEPIDUS *Dollfuss*.

SYN. *Ichthyodorulithes heddingtonensis (part.).* Buckland et de
la Bèche.
Asteracanthus ornatissimus (part.). Agassiz. Op. cit.
T. III, p. 31, vol. 3, tab. 8.
Asteracanthus lepidus Dollfuss. Faune kimméridgienne
du cap La Hève, p. 34, pl. II.

Cette espèce diffère de l'*A. ornatissimus* par ses
tubercules presque lisses, ornés de quelques stries
rayonnantes, qui viennent se terminer à une aréole fortement striée et mamelonnée ; les dents sont presque
lisses. Dans l'*A. ornatissimus*, au contraire, les dents
sont très-fortement striées, les tubercules sont ornés
d'arêtes tranchantes qui se terminent à une aréole lisse.

Musée de Boulogne (Dutertre-Delporte), et toutes les
collections.

Un fragment de cet ichthyodorulithe, venant du Bathonien de Marquise, se trouve au Muséum d'histoire
naturelle de Paris.

ASTERACANTHUS SEMIVERRUCOSUS *Egert.*

Egerton. Memoirs of the Geol. survey of the Unit. Kingdom.
Dec. VIII, pl. 3.

Le Musée de Boulogne possède l'extrémité d'un rayon
provenant très-probablement du terrain portlandien, et
dont voici la description :

Bord antérieur tranchant. Faces latérales ornées de
tubercules disposés irrégulièrement et de côtes comme
dans un *Hybodus.* Certaines de ces stries présentent
des renflements aux endroits où devraient être des tubercules, preuve qu'elles sont formées par leur coales-
cence. L'espace compris entre ces côtes est finement

strié. Les tubercules diminuent en s'approchant du bord postérieur; et, à l'union de ce bord et des faces latérales, ils cessent.

La face postérieure est bombée, finement striée longitudinalement, armée de deux rangées de grosses dents rapprochées.

Ce rayon ressemble à celui que Sir Philip Egerton a figuré sous le nom de l'*A. semiverrucosus* et dont un exemplaire a été trouvé dans l'oolithe de Swanage. La description de cette belle espèce peut parfaitement s'appliquer à notre échantillon : « The sides are covered for « one half of the entire length with large coarse tuber- « cles, irregularly arranged, and varying both in shape « and size..... The tubercles... are also intermined with « continuous ridges, similar to those ornamenting the « rays of the *Hybodi.* Some of them are undulating « on the edge, as if they resulted from the confluence « of a row of tubercles .... The anterior face is charac- « terised by a strong carina. »

Le fragment d'épine du Musée de Boulogne diffère un peu de l'ichthyodorulithe figurée dans les *Décades* par ses tubercules disposés en séries plus régulières ; cependant nous pensons qu'il appartient à l'espèce décrite par Sir Philip Egerton.

ESPÈCES DOUTEUSES.

1º

M. Alph. Lefebvre a trouvé au val St-Martin (kimméridgien inférieur) un fragment d'un grand rayon, malheureusement roulé ; les ornements des tubercules étant effacés, nous ne pouvons le classer sûrement. Mais par sa forme, sa taille, il se rapproche beaucoup plus de l'*A. ornatissimus* que de l'*A. lepidus.*

2°

ASTERACANTHUS *(sp. nov ?)*

(Pl. III, fig. 3.)

Le Musée de Boulogne possède une extrémité de rayon
ne portant aucune indication de gisement, mais qui ne
peut provenir que des étages jurassiques supérieurs de
nos côtes. La pièce que nous connaissons fait supposer
un Ichthyodorulithe à peu près de la taille de l'*Asteracanthus lepidus*. Sa coupe est triangulaire. La face
postérieure, très-légèrement convexe dans son ensemble,
est sillonnée, au milieu, d'une faible rainure, le long de
laquelle sont de grosses dents. Les faces latérales sont
couvertes de tubercules en séries régulièrement parallèles au bord antérieur; très-rapprochés, ils se réunis-
sent en certains points. Par ce dernier caractère notre
exemplaire se rapproche de l'*A. acutus* Agas. (*Loc. cit.,*
T. III, *p.* 33, vol. III, *tab.* 8 *a fig.* 1, 2, 3), qui a les
tubercules « disposés en séries longitudinales très-mar-
« quées... leur base forme des arêtes longitudinales
« assez sensibles. » Mais l'espèce de Boulogne diffère
essentiellement par sa face postérieure de l'espèce figurée
par M. Agassiz; dans celle-ci, cette face « est moins plane
que dans l'*A. ornatissimus ;* son milieu fait saillie...
et cette saillie s'élève de plus en plus vers la pointe du
rayon. » Dans l'échantillon que nous venons de décrire
la face postérieure est, au contraire, presque plane, ou
du moins très-peu bombée.

Cette espèce, l'*A. acutus*, et surtout l'*A. semiverrucosus* formeraient le passage du genre *Asteracanthus*
au genre *Hybodus*.

Nous ne connaissons aucun Ichthyodorulithe qui présente les caractères de celui que nous venons de décrire.

Cependant le fragment que nous avons vu est trop
fruste pour que nous ayons cru devoir en faire une espèce.

3°

Dans le terrain Oxfordien inférieur des environs du
Wast, Dutertre a trouvé un fragment d'*Asteracanthus*,
en trop mauvais état pour être nommé. Les tubercules
sont ovales ; leur centre est élevé et terminé par un
renflement, d'où part une arête plus saillante que les
12-14 arêtes qui l'entourent en divergeant.

(c) — G. AULUXACANTHUS *Sauvg.*

Nous avons créé ce genre pour un Ichthyodorulithe
découvert par Dutertre-Delporte au Portel, et retrouvé
par M. Beaugrand dans la zône à *Ceromya orbicularis*
du Moulin-Wibert.

Ce genre est caractérisé par des *épines plates, ornées
de stries fines. Le bord antérieur est mousse ; le bord
postérieur est creusé, dans toute son étendue, d'un
sillon peu profond, dont les bords, sur toute leur
longueur, sont armés de petites dents.*

Ce genre doit être placé tout près des Chimères et
des *Leptacanthus.*

Les *Leptacanthus* ont « de petites épines plates, ensi-
« formes, dont le bord postérieur est garni de dents
« acérées, et dont le bord antérieur est tranchant. » Le
Leptacanthus longissimus (1) a été réuni à ce genre
avec doute par M. Agassiz. Les dents disparaîtraient
complètement vers la pointe du rayon, et le bord antérieur
serait moins tranchant qu'il ne l'est dans les autres
espèces du genre. « La cavité intérieure est assez grande

(1) Agassiz. *Op. cit.* T. III, p. 29, vol. 3, tab. 1 *a*, fig. 14-18.

« et se prolonge très-haut. » Dans l'*Auluxacanthus*, toute la longueur du bord postérieur est armée de dents (1).

La *Chimera monstrosa*, de la Méditerranée, porte un rayon à la dorsale antérieure qui « est large à sa base, « fortement comprimé, et se termine en une pointe « acérée ; cette épine est légèrement arquée en arrière ; « ses faces sont latéralement planes et parfaitement « lisses ; sa face antérieure l'est également, de sorte que « le bord antérieur est à angle droit. Au milieu de la « face antérieure s'élève une quille tranchante et très- « saillante qui s'étend tout le long de l'épine. La face « postérieure est concave et les bords qui la cernent sont « armés de dents acérées, droites, dont la pointe se dirige « en bas (2). » D'un autre côté M. Agassiz a figuré, sous le nom de *Chimera Mantellii* (3), un fragment de rayon provenant de la craie de Lewes, rayon dont les faces latérales sont sillonnées, dont le bord postérieur porte de petites dents, et qui ressemble assez à notre *Auluxacanthus* (4). Nous avons pu, grâce à l'extrême complaisance de MM. T. Davidson et Woodward, étudier, à Brighton et au British Museum, des épines entières trouvées dans la craie de Lewes et de Maidstone, et ces ichthyodorulithes, attribués à l'*Ischyodus Agassizi*, diffèrent certainement de ceux que nous avons rapportés

---

(1) Cf. à la pl. III, *fig.* 2, la coupe du *Leptacanthus longissimus*, 2 *a*, celle du *L. semistriatus* et 2 *b*, la coupe du *L. tenuispinus*. Ces figures sont copiées sur celles de l'ouvrage d'Agassiz. *Loc. cit.* tab. 1 *a*, fig. 13 et tab. 7, fig. 8.

(2) Agassiz. *Op. cit.* T. III, *p.* 3, vol. 3, *tab.* C., *fig.* 2-4.

(3) Agassiz, *tab.* 40 *b*, *fig.* 17.

(4) Cf. pl. III, fig. 2 *c* et 2 *d* les coupes de rayons de Chimères figurées à la pl. 10 *b*, fig. 17 *a* et 17 *b* de la monographie des *Poissons fossiles*.

à notre nouveau genre. Ces épines d'*Ischyodus* sont longues, le sillon du bord postérieur est largement ouvert, mais il n'y a de dents que sur une faible partie, un quart environ, de ce bord. Dans l'ichthyodorulithe que nous étudions, les dents existent sur la plus grande partie, sinon sur toute la longueur, du bord postérieur ; il est vrai que la base du rayon est inconnue, mais cette base ne doit pas être bien longue, et les dents du bord postérieur devaient s'étendre jusqu'à son niveau. Si on compare notre rayon à celui de l'*I. Agassizi*, toute proportion étant gardées (les dents n'existant que dans le quart environ du bord postérieur), ce rayon aurait plus de 50 cent. de longueur, et il est impossible qu'une épine aussi mince que celle qui est représentée pl. III, ait pu avoir de telles dimensions. L' *I. Agassizi* est à peu près de la taille de l'*I. Rigauxi*, la seule espèce qui ait été trouvée dans la zône à *Céromyes* d'où provient le rayon que nous étudions, et l'épine de l'espèce de la craie n'a guère plus de 20 à 25 cent.

Nous considérons comme motivée la création d'un genre nouveau, et nous lui avons donné le nom d'*Auluxacanthus*, pour rappeler cette particularité d'avoir un *sillon* sur toute la longueur du bord postérieur.

C'était, pour nous, acquitter une dette de reconnaissance que de dédier la seule espèce du genre à Dutertre-Delporte, le savant et modeste collectionneur, qui a amassé, durant sa longue carrière, tant de précieux matériaux pour l'histoire des formations des environs de Boulogne.

AULUXACANTHUS DUTERTREI *Sauvg.*

(Pl. III, fig. 1, 1 *a*.)

Gervais. Zool. et Paléont. gén. Pl. L, fig. 1, 1 *a*, 1 *b*.

L'exemplaire que M. Hamy a bien voulu figurer, et

qui appartient au Musée de Boulogne, a eu ses faces latérales un peu écrasées lors de la fossilisation, de sorte que le bord antérieur à ce niveau paraît triangulaire. Il est, en réalité, mousse.

Les faces latérales, légèrement convexes vers la pointe, plates dans le reste du rayon, sont ornées de fines stries longitudinales alternant avec des sillons très-peu profonds et moins larges.

Le bord postérieur est creusé dans toute son étendue d'un sillon peu profond, à section triangulaire. Ce sillon présente une rainure médiane, limitée de chaque côté par une petite crête ; puis vient une légère excavation, bordée à son tour par une surface saillante, en dehors de laquelle sont les dents, placées à l'union de ce bord et des faces latérales.

Les dents sont nombreuses, petites, serrées, dirigées en bas et en dehors, deux fois plus grandes, à peu près, que l'intervalle qu'elles laissent entre elles.

Le rayon a environ 20 centimètres de long ; il est légèrement courbé en arrière.

Fam. des Squalidés.

(a) — DENTS SANS DENTELURES MARGINALES.

G. NOTIDANUS.

Chaque dent se compose d'une série de dentelons, dont le premier, qui est le plus grand, est lui-même crénelé à son bord antérieur ; les autres deviennent de plus en plus petites.

NOTIDANUS MICRODON *Agass.*

Agassiz. Op. cit. T. III, p. 221, vol. 3, tab. 27, fig. 1, et
tab. 36, fig. 1-2.

Dent petite, à denticlons effilés.

Cette espèce est du Turonien de Neufchâtel ; elle m'a
été communiquée par M. A. Bétencourt.

G. OTODUS.

La dent est plate, et chaque côté présente un bourrelet ; les bords sont parfaitement lisses, caractère qui
distingue ce genre des *Carcharodon*, dont les dents ont
les bords dentelés.

OTODUS RECTICONUS *Agass.*

Agassiz. Op. cit. T. III, p. 275, vol. 3, tab. 36, fig. 34.

M. A. Bétencourt a trouvé, dans le Turonien de Neufchâtel, une petite dent qui ressemble beaucoup à cette
espèce. Cette dent est triangulaire, à côtés égaux et
droits ; la base manque, de sorte que nous ne savons
pas si l'émail se termine de la même manière que dans
l'espèce de Malte.

OTODUS SERRATUS *Agass.*

Agassiz. Op. cit. T. III, p. 272, vol. 3, tab. 32, fig. 27, 28.
Pictet. Op. cit. T. II, p. 245.

Bourrelets latéraux transformés en dentelures anguleuses.

Turonien de Neufchâtel.

OTODUS APPENDICULATUS *Agass.*

Agassiz. Op. cit. T. III, p. 270, vol. 3, tab. 32, fig. 1-12.
Pictet. Op. cit. T. II, p. 245.
Mantell. Geology of Sussex. Tab. 32, fig. 2-9 (*Lamna appendiculata*).
Hébert. Tableau des fossiles de la craie de Meudon, p. 355.
Quenstedt. Hand. der Petrefactenkunde. Tab. 15, fig. 8, p. 209.
Gibbes. Squalidæ of the Unit. States, pl. XXVI, fig. 138-140, p. 17.

Larges bourrelets latéraux comprimés.
Turonien de Neufchâtel (Bétencourt).—Gault de Wissant (Bouchard,—Beaugrand) (1).

G. LAMNA.

Dents tordues sur elles-mêmes, étroites, pourvues de petits mamelons latéraux. Diffèrent des *Otodus* par la moindre largeur des dents, et par les cônes secondaires plus petits.

LAMNA GRACILIS *Agass.*

Agassiz. Op. cit. T. III, p. 295, vol. 3, tab. 37 *a*, fig. 2-4.
Pictet. Op. cit. T. II, p. 249.
Gibbes. Op. cit., pl. XXVI, fig. 128-130, p. 10.

Dents grêles, subulées, fortement recourbées en dedans; face externe plane; face interne sensiblement bombée, ne présentant pas de stries.

(1) M. d'Archiac (*Obs. sur le groupe moyen de la form. crétacée. Mém. Soc. Géol. de France,* T. III) signale des dents de *Lamna* c dans la craie tufau et le gault de la falaise de St-Pol, à Wissant. Nous avons vu au Muséum de Paris des dents d'*Otodus appendiculatus* venant de ces deux étages.

Gault de Wissant (Bouchard,—Beaugrand). Turonien de Neufchâtel (Bétencourt,—Sauvage).

M. Bétencourt a trouvé dans le même terrain une dent de *Lamna* qui diffère de celles du *L. gracilis* par quelques fines striations de la face interne.

LAMNA BOUCHARDI *Sauvg.*

(Pl. III, fig. 15.)

Dent grande, courbée en dehors, présentant un renflement considérable à la racine, celle-ci étant excavée vers la face externe. Racine forte ; les deux cornes qui la terminent sont longues, assez rapprochées, et l'espace qui les sépare est régulièrement ovalaire. Bourrelets latéraux assez forts, pointus La base de l'émail descend plus bas à la base externe qu'à l'interne. Face interne très-bombée, lisse, présentant une double courbure en dedans, puis en dehors. Face externe plane, courbée en dehors vers le haut. Bords tranchants dans toute leur longueur.

Cette espèce a été découverte dans le Gault de Wissant par Bouchard-Chantereaux, le savant paléontologiste boulonnais, à qui nous sommes heureux de pouvoir la dédier. M. Beaugrand l'a retrouvée dans le même terrain.

Une seule espèce se rapproche du *Lamna Bouchardi*, c'est le *Lamna (Odontaspis) verticalis* Agass.; dans les deux espèces, la racine est la même. Mais les dents du *L. verticalis* sont parfaitement droites ; celles du *L. Bouchardi* présentent une double courbure très-marquée.

LAMNA (SPHENODUS) LONGIDENS *Agass.*

Agassiz. Op. cit. T. III, p. 298, vol. 3, tab. 37, fig. 24-29.
Pictet. Op. cit. T. II, p. 253.
Quenstedt. Op. cit., tab. 15, fig. 11, p. 211.

Dents très-allongées, ondulées, faces externe et interne légèrement bombées.

Nous rapportons à cette espèce des dents des étages kimméridgien, zône de la *Thracia depressa* (Coll. Beaugrand), et portlandien (Musée de Boulogne).

LAMNA (ODONTASPIS) SUBULATA *Agass.*

Agassiz. Op. cit. T. III, p. 296, vol. 3, tab. 27 *a*, fig. 5-7.

La dent que nous nommons ainsi ressemble à celle qui est figurée par M. Agassiz (fig. 6 *b*), mais elle est brusquement recourbée (1).
Turonien de Neufchâtel.

LAMNA (ODONTASPIS) RHAPHIODON *Agass.*

Agassiz. Op. cit. T. III, p. 296, vol. 3, tab. 37 *a*, fig. 11-16.
Quenstedt. Op. cit. p. 210.

Des dents du Turonien de Neufchâtel doivent être rapportées à cette espèce, quoique l'arête de la face externe soit à peine marquée. En voici la description :

Dents petites, un peu étranglées vers le milieu, fortement recourbées en dedans, et vers la pointe en dehors ; face externe plane ornée de quelques plis à la base ; face interne bombée, élégamment réticulée, les plis s'arrêtant avant la pointe ; légère arête au sommet de la face

(1) Cette espèce a été réunie par M. Gibbes au *L. gracilis.*

externe; bords tranchants; bourrelets de la racine
presque nuls.

LAMNA.

(Pl. III, fig. 2.)

M Beaugrand nous a communiqué une dent du Gault
de Wissant que nous n'avons pu rapporter sûrement à
aucune espèce.

Grêle, contournée, à racine forte, à bords tranchants,
cette dent présente une face externe très-convexe; l'interne l'est beaucoup moins; elle est sillonnée vers la
racine; l'émail descend moins sur cette dernière face
que sur l'externe.

G. OXYRHINA.

Dents larges et comprimées, sans bourrelets à la base
de la racine.

OXYRHINA ZIPPEI *Agass.*

Agassiz. Op. cit. T. III, p. 284 vol. 3, tab. 36, fig. 48-52.

Dent petite, à pointe acérée, à bords tranchants.
Turonien de Neufchâtel.

OXYRHINA MANTELLII *Agass.*

(Pl. III, fig. 12.)

Agassiz. Op. cit. T. III, p 280), vol 3, tab. 33, fig 1-9.
Quenstedt. Op. cit., tab. 15, fig. 14, p. 211.
Gibbes. Op. cit. p. 14, pl. XXVII, fig. 158.

Nous figurons sous ce nom une dent du Gault de

Wissant que nous a communiquée M. Beaugrand. Cette dent est forte, triangulaire, un peu courbée en dehors vers le sommet. La face interne fortement bombée est lisse ; l'externe légèrement déprimée en bas est bombée de chaque côté. Le long des bords règne un faible sillon.

(*b*) — DENTS A DENTELURES MARGINALES.

G. CORAX.

Dents pleines, courtes, à dentelures égales.

CORAX APPENDICULATUS *Agass.*

Agassiz. Op. cit. T. III, p. 227, vol. 3, tab. 26 *a*, fig. 16-20.

Dents petites, à sommet incliné en arrière. Bord postérieur profondément échancré et déterminant une sorte de mamelon à la base de la dent. De très-fins plis à l'union de l'émail et de la racine.

Turonien de Neufchâtel.

CORAX FALCATUS *Agass.*

Agassiz. Op. cit. id., fig. 1-15.
Quenstedt. Op. cit., tab. 15, fig. 1.

Dents élancées, pointues ; bord postérieur échancré ; dentelures des bords fines, racine longue.

Turonien de Neufchâtel.

G. SPHYRHA.

Face externe plane, interne bombée ; racine haute.

SPHYRHA PRISCA *Agass.*

Agassiz. Op. cit. T. III, p. 234, vol. 3, tab. 26 *a*, fig. 35-50.

Racine haute. Il n'existe de crénelures marginales distinctes qu'à la base ; celles du sommet sont des plus fines.

Turonien de Neufchâtel (1).

Fam. des Chimérides.

G. ISCHYODUS.

Ce genre a été créé par Sir Philip Egerton pour des *Chimères*, qui ont un grand développement des tubercules de trituration ; ce sont des espèces robustes, à mâchoires larges, d'un tissu grossier.

ISCHYODUS DUFRENOYI *Egert.*

(Pl. IV, fig. 12.)

Egerton. On some new species of fossil Chimæroid fishes, with remarks on their general affinites.
On the nomenclature of the fossil Chimæroid fishes.
Agassiz. Op. cit T. III, p. 345.
Pictet. Op. cit. T. II, p. 231.
Gervais. Op. cit. p. 536.

DIAGNOSE.—*Maxillaire inférieur de taille moyenne, cunéiforme, garni de trois tubercules de trituration.*

----

(1) Toutes les dents du Turonien de Neufchâtel m'ont été communiquées par M. Alfred Bétencourt.

Le grand tubercule est étroit, n'occupant guère qu'un tiers de la surface interne, allongé, et monte près du tubercule marginal ; celui-ci est situé à l'angle qui sépare l'échancrure antérieure du bord dentaire de l'échancrure postérieure du même bord.

DESCRIPTION — Le bord antérieur est pointu.

Le bord interne ou symphysaire, fortement arqué, a la forme d'un sillon plat bordé d'une carène, peu saillante vers la face externe, l'étant beaucoup plus vers la face interne. Ce sillon est coupé en biseau de haut en bas, de la face interne à l'externe.

Bord dentaire présentant vers son milieu une saillie peu proéminente ; l'échancrure antérieure de ce bord est dirigée presque perpendiculairement du bord antérieur à cette saillie ; l'échancrure postérieure est peu profonde, oblique.

Le bord postérieur est long ; il est droit.

Face externe inégale, légèrement concave.

Face interne fortement inclinée de la symphyse au bord dentaire. Le grand tubercule de trituration présente les caractères énoncés plus haut. Le tubercule marginal est petit et descend presque jusqu'au tubercule précédent. Le tubercule postérieur est allongé, étroit. Entre ce tubercule et le grand est un espace excavé, surtout au niveau de l'échancrure postérieure du bord dentaire.

DIMENSIONS.—Les dimensions des parties importantes sont les suivantes : longueur du maxillaire, 58^{mm} ; largeur de id., 32^{mm}. — Longueur de la symphyse, 48^{mm} ; largeur de id., 8^{mm}.—Long. du grand tubercule, 31^{mm} ; larg. de id., 11^{mm}.—Long. du tub. marginal 13^{mm}; larg. de id., 4^{mm}.

GISEMENT.—Cette espèce a été découverte par Dutertre-Delporte au Fort Crouy (Musée de Boulogne—British

Museum). Nous discuterons plus bas ses rapports avec les *Ischyodus Rigauxi* et *suprajurensis*.

ISCHYODUS SUPRAJURENSIS *Sauvg.*

(Pl. IV, fig. 13.)

DIAGNOSE.—*Espèce robuste, pourvue de trois tuber-cules de trituration. Le grand tubercule est large, occupant près des trois quarts de la surface interne ; il est éloigné du bord dentaire. La symphyse est profonde, et son bord externe est saillant, coupé carrément.*

DESCRIPTION.—Bord antérieur large, oblique en dehors.

Bord dentaire long, divisé en deux par une saillie au niveau de laquelle est le tubercule marginal. L'échan-crure antérieure est allongée, peu profonde ; la posté-rieure doit présenter une courbe à peu près semblable.

La face externe est convexe.

La face interne est bombée légèrement dans son en-semble. Elle offre un tubercule marginal placé presque transversalement ; il est assez large. Le tubercule prin-cipal présente les caractères que nous venons de lui assigner. Le tubercule postérieur manque dans l'exem-plaire figuré.

DIMENSIONS. — Longueur du grand tubercule, 45^{mm} ; largeur de id., 23^{mm}. — Long. du tubercule marginal, 10^{mm} ; largeur de id., 6^{mm}. — Long. du bord symphy-saire, 65^{mm} ; largeur de id., 14^{mm}.

RAPPORTS ET DIFFÉRENCES. — Quoique incomplet, le maxillaire inférieur que nous avons fait figurer présente des caractères tellement tranchés que nous devons le considérer comme appartenant à une espèce nouvelle.

Il se distingue de l'*I. Dufrenoyi*, auquel il ressemble le plus, par sa taille plus forte, par son tubercule postérieur beaucoup plus grand, plus large, moins allongé.

Dans l'*I. Dufrenoyi*, ce tubercule s'approche assez près du bord dentaire ; il en est très-éloigné dans l'autre espèce.

Le tubercule marginal, presque parallèle à l'échancrure postérieure du bord dentaire dans l'*I. Dufrenoyi*, lui est presque perpendiculaire dans l'*I. suprajurensis*.

La coupe de la symphyse dans cette dernière espèce est carrée ; elle est triangulaire dans la première. De plus, dans celle-ci, le bord interne de la symphyse est le plus saillant, tandis que c'est l'externe dans l'*I. suprajurensis*.

Cet *Ischyodus* et l'*I. Rigauxi* diffèrent aussi beaucoup entre eux. La coupe de la symphyse, carrée dans le premier, est ovalaire dans le second. Dans l'*I. Rigauxi*, le tubercule postérieur est beaucoup plus large, plus allongé, s'étend beaucoup plus près du bord dentaire.

Le tubercule externe et le postérieur se touchent presque dans l'*I. Rigauxi;* ils doivent être très-éloignés dans l'*I. suprajurensis*. De plus, la surface externe, bombée dans ce dernier, est concave dans son ensemble dans le premier.

Il est impossible de confondre cette espèce avec l'*I. Dutertrei*, et, à plus forte raison, avec l'*I. Beaugrandi*.

ISCHYODUS RIGAUXI *Sauvg.*

(Pl. IV, fig. 14, 15.)

DIAGNOSE.— *Maxillaire robuste, armé de trois tubercules de trituration ; le grand tubercule est très-large, très-allongé, et occupe près des deux tiers de*

*la surface de l'os. La symphyse est large, profonde,
à coupe ovalaire, à bord interne plus saillant que
l'externe.*

DESCRIPTION. — Bord dentaire ou supérieur présentant
une échancrure antérieure peu profonde, presque droite ;
l'échancrure postérieure est très-peu marquée.

Bord externe ou postérieur droit, long. Bord symphysaire ou interne formant une rigole profonde. Bord inférieur séparé en deux par une légère saillie ; la partie
externe, courte, est presque droite, non excavée ; la
partie interne, beaucoup plus longue, est coupée très-
obliquement jusqu'au bord symphysaire.

La face externe est ovalairement excavée de la symphyse au bord externe. Près de ce bord, cette face présente une crête, au côté antérieur de laquelle la face
externe est plane. Le long du bord externe est un espace
présentant une série de lignes d'accroissement sensiblement parallèles et horizontales, dirigées en sens inverse
des plis verticaux du reste de l'os.

La face interne est inclinée de la symphyse au bord
dentaire, et du grand tubercule de trituration à ce même
bord. Le tubercule externe est allongé et n'est séparé
que par un faible espace du grand tubercule. Celui-ci
présente les caractères que nous lui avons assignés plus
haut. Près de la saillie qui sépare les deux échancrures
du bord dentaire est un tubercule de trituration ovale et
court.

DIMENSIONS. — Nous avons vu des maxillaires de taille
très-différente, ayant depuis 50^{mm} jusqu'à 85^{mm} dans
leur plus grande longueur. Aussi, les mesures suivantes,
prises sur l'exemplaire figuré, sont-elles relatives :

Longueur maximum du grand tubercule, 48^{mm} ; larg.
de id., 24. — Longueur du tub. marginal, 4^{mm} ; larg. de

id., 2^{mm}.—Longueur du tub. externe, 30^{mm} ; larg. de id., 6 ^{mm}.—Longueur du bord externe, 25^{mm}.—Largeur de la symphyse, 8^{mm}.

RAPPORTS ET DIFFÉRENCES.—Cette espèce se rapproche de l'*Ischyodus Egertoni* Buck, mais elle en diffère par plusieurs caractères importants. Dans ce dernier, *tout le bord dentaire* (ou *supérieur)* est orné d'une plaque émaillée, sur laquelle on distingue les lignes d'accroissement qui s'étendent en sens inverse des plis verticaux de la partie inférieure de l'os. Dans l'*I. Rigauxi*, cette plaque est le long du *bord symphysaire* et occupe le quart ou au plus le tiers de la surface de l'os. Dans l'*I. Egertoni* (1), le bord dentaire est beaucoup moins long que dans l'espèce que nous décrivons. Le bord externe ou postérieur est moins long dans l'*I. Rigauxi* que dans l'autre espèce. Le tubercule de trituration externe s'étend plus loin dans l'*I. Rigauxi* que dans l'*I. Egertoni ;* le grand tubercule de trituration est aussi plus large, monte plus près du bord inférieur. Enfin, la forme générale de la mâchoire n'est pas la même.

Nous avons discuté plus haut les différences et les rapports de l'*I. Rigauxi* avec les *I. Dufrenoyi* et *I. suprajurensis.* Cette espèce est donc nouvelle. Nous la dédions à M. Edmond Rigaux, le géologue distingué de Boulogne-sur-Mer, dont nous avons déjà plusieurs fois parlé dans le cours de ce travail.

GISEMENT.—L'*I. Rigauxi* a été découvert par Dutertre-Delporte dans l'étage kimméridgien (couche à *Thracia depressa).* Le Musée de Boulogne en possède des exemplaires de Châtillon, du Moulin-Wibert, de la Crèche.

---

(1) *Proc. Geol. Soc.* Vol. II, p. 206. Cet *Ischyodus* est du Kimmeridge clay d'Oxford. — Agassiz. *Op. cit.* T. III, p. 340, vol. 3, pl. XL c, fig. 1-10

M. Beaugrand l'a retrouvé dans les zônes à *Ceromya orbicularis* et à *Thracia depressa* du même étage. Cette espèce se trouve aussi au *British Museum*. Nous en possédons un exemplaire venant de l'argile blanchâtre (*argile à ciment*) intercalée au milieu des schistes noirs de Châtillon.

ISCHYODUS BEAUGRANDI *Sauvg.*

(Pl. IV, fig. 7, 8.)

DIAGNOSE. — *Maxillaire inférieur petit, pourvu de trois tubercules de trituration ; le grand tubercule est très-éloigné de la symphyse ; il est arrondi et occupe à peine 1/2 de la surface de l'os ; le tubercule marginal, très-allongé, va rejoindre le tubercule postérieur. Le tubercule externe est développé.*

DESCRIPTION.—Bord dentaire divisé par une saillie peu marquée, arrondie; l'échancrure antérieure doit être peu profonde, peu longue; la postérieure, au contraire, est très-prononcée. Le bord externe est droit, long. La symphyse est arquée, peu profonde, à section triangulaire ; la crête qui la borde vers la face interne est assez saillante.

Face externe ornée près de la symphyse de stries longitudinales sensiblement parallèles ; ce sont les lignes d'accroissement de l'os. Cette face est excavée dans sa partie postérieure.

Face interne fortement bombée au milieu (par suite de l'usure très-peu prononcée du grand tubercule), assez excavée entre celui-ci et la symphyse, excavée aussi en gouttière entre les tubercules postérieur et externe.

Tubercule marginal étroit, allongé, commençant un peu plus bas que la saillie de séparation des deux échancrures du bord dentaire. Tubercule externe large, surtout dans sa partie postérieure, se rapprochant beaucoup du grand tubercule. Celui-ci est très-saillant, de forme ovalaire. Par suite de l'usure inégale de la lame émaillée, les deux moitiés de ce tubercule ne sont pas sur le même plan ; on pourrait, au premier abord, croire à la présence de deux tubercules dans l'exemplaire figuré.

DIMENSIONS. — Longueur du tubercule marginal, 7^{mm} ; larg. de id., 2^{mm}. — Long. du tub. externe, 8^{mm} ; larg. de id., 5^{mm}. — Long. du grand tub., 14^{mm} ; larg. de id., 11^{mm}. — Largeur de la symphyse, 4^{mm}. — Long. du bord externe, 20^{mm}. — Long. de l'échancrure postérieure du bord dentaire, 15^{mm}.

RAPPORTS ET DIFFÉRENCES. — Cette espèce se rapproche un peu de l'*I. Rigauxi*, dont elle présente la forme générale, et dont elle pourrait être considérée comme un jeune âge : même disposition des stries longitudinales le long de la symphyse à la face externe ; cette face est excavée de la même manière vers sa partie postérieure. Cependant ces deux espèces diffèrent entre elles. Le tubercule postérieur est beaucoup plus grand dans l'*I. Rigauxi* que dans l'*I. Beaugrandi ;* dans celui-ci ce tubercule est très-éloigné de la symphyse, beaucoup plus rapproché dans celui-là ; dans l'*I. Beaugrandi* le tubercule externe est relativement beaucoup plus grand, plus large que dans l'autre espèce ; le tubercule marginal est étroit, allongé, se rapprochant très-près du grand tubercule dans l'*I. Beaugrandi ;* il est presque rond, court dans l'*I. Rigauxi.* Dans la première de ces deux espèces, ce tubercule est beaucoup plus étroit, et d'une manière absolue plus long.

Nous ne connaissons aucune autre espèce qui puisse

être confondue avec celle que nous venons de décrire ; nous nous faisons un plaisir de la dédier à M. Beaugrand, qui l'a trouvée dans le Kimméridgien de Châtillon (1).

ISCHYODUS BOUCHARDI *Sauvg.*

(Pl. IV, fig. 6.)

DIAGNOSE. — *Maxillaire inférieur petit ; tubercule de trituration postérieur n'occupant que le quart de la surface de l'os, et éloigné de la symphyse ; face interne très-excavée entre le tubercule externe et le postérieur.*

DESCRIPTION. — Bord symphysaire peu arqué ; symphyse à section triangulaire, bordée vers la face interne d'une carène assez saillante ; une crête arrondie limite ce sillon à l'union avec la face externe.

Bord externe ou postérieur long. Bord dentaire ou supérieur présentant une saillie médiane prononcée ; l'échancrure postérieure, courte, est profonde.

Face externe convexe ; la première couche d'émail présente des lignes d'accroissement transversales ; la seconde, des lignes parallèles à la symphyse.

(1) *Note ajoutée au moment de l'impression.*—Dans l'ouvrage de A. Quenstedt: *Handb. der Petrefactenkünde* (Tübingen 1867, 2 vol. in-8°), est figurée, tab. 16, fig. 16, p. 227, une mâchoire d'Ischyodus, sous le nom de *C. Aalensis*, qui paraît se rapprocher de l'espèce que nous venons d'étudier. La figure donnée dans cet ouvrage est tellement insuffisante que nous ne savons pas si l'on doit assimiler les deux Ischyodus.

Face interne assez excavée entre le bord symphysaire et le tubercule marginal, mais l'étant beaucoup plus entre celui-ci et les deux autres tubercules ; cette excavation forme gouttière. Le tubercule marginal est allongé, peu large, et se rapproche du grand tubercule ; ce dernier est étroit, allongé. Le tubercule externe s'étend sur une grande partie du bord externe ou postérieur.

DIMENSIONS.—Longueur du tubercule marginal, 9^{mm} ; largeur de ce tubercule, 3. — Longueur du tubercule externe, 18 à 20 ? sa largeur est de 5^{mm}. — Longueur du tubercule principal, 18 à 20 ; largeur de ce tubercule, 6. —Largeur du bord symphysaire, 7.—Longueur du bord postérieur ou externe, 26. — Longueur de l'échancrure postérieure du bord dentaire, 10^{mm}.

RAPPORTS ET DIFFÉRENCES.—Cette espèce a été découverte par M. Beaugrand dans le *Gault* de Wissant. Elle présente une assez grande analogie de formes avec l'*I. Beaugrandi* du *Kimméridge*. Il est cependant impossible de confondre ces deux espèces. Pour ne citer que le caractère distinctif le plus saillant, dans l'*I. Beaugrandi* le tubercule postérieur conservé irait rejoindre le tubercule marginal, tandis que dans l'autre espèce une forte dépression formant gouttière sépare ces deux tubercules. Le maxillaire que nous venons de décrire ne peut davantage être confondu avec celui de l'*I. Egertoni*. Nous proposons de donner à cette espèce nouvelle le nom de Bouchard, notre savant et regretté géologue boulonnais.

ISCHYODUS BEAUMONTII *Egert.*

(Pl. IV, fig. 4, 5.)

Egerton. Proc. of the Geol. Soc. of London, 1843. Vol. IV,
     pl. 1, p. 155.
—   Quarterly Journ. of the Geol. Soc. 1847. Vol. III,
     p. 352, et pl. XIII, fig. 1.
Agassiz. Op. cit. T. III, p. 346.
Pictet. Op. cit. T. II, p. 231.
Gervais. Op. cit. p. 536.

DIAGNOSE. — *Maxillaire supérieur fort, présentant à
la face supérieure un sillon profond se terminant
près du bord antérieur. Quatre tubercules de trituration à la face buccale ; les deux tubercules postérieurs
ont leur extrémité antérieure au même niveau. L'é-
chancrure interne du bord inférieur est large.*

DESCRIPTION. — Angle externe et inférieur saillant.
Bord antérieur assez large, incliné de haut en bas et de
dehors en dedans. Bord symphysaire s'étendant sur
toute la longueur de l'os, plat, taillé perpendiculairement, limité vers la face externe par une crête tranchante, droite, et vers la face interne par une crête s'éle-
vant d'avant en arrière et de bas en haut jusqu'à une
éminence située au niveau du premier tiers du grand
tubercule, puis incliné à partir de ce point en sens inverse. Bord externe ou postérieur droit, court, assez
sensiblement parallèle au bord interne. Bord dentaire
ou supérieur très-long, partagé inégalement en deux
par une saillie assez proéminente ; l'échancrure antérieure est peu profonde ; la postérieure est très-allon-
gée. Bord inférieur présentant une épine sensiblement
médiane ; l'échancrure interne est plus arrondie **que**

l'externe, qui est coupée d'arrière en avant et de dehors en dedans.

Face supérieure présentant un large sillon assez profond, se terminant près du bord antérieur par un bord concave postérieurement ; ce sillon est limité d'une part par la crête de la symphyse, de l'autre par une légère saillie de l'os, en dehors de laquelle est la face externe.

Celle-ci est fortement inclinée de cette saillie au bord dentaire. Elle est partagée en deux par une rainure antéro-postérieure. La partie postérieure de cette face, irrégulièrement losangique, est située sur un plan plus externe et plus élevé que la partie antérieure. Cette partie losangique correspond à l'échancrure postérieure du bord dentaire (en partie) et au bord externe ; son angle postérieur forme l'angle inféro-externe ou postérieur de l'os.

La face interne est garnie de quatre tubercules de trituration. Le tubercule antérieur, allongé, se termine près du bord antérieur ; de chaque côté la face interne est inclinée vers les bords.

Le tubercule marginal, assez étroit, allongé, va de la saillie qui limite les deux échancrures du bord dentaire jusqu'au milieu environ de l'échancrure postérieure de ce bord.

Le tubercule postéro-externe, allongé en avant, arrondi en arrière, est séparé du précédent par une surface étroite, inclinée de ce tubercule au tubercule marginal.

L'espace compris entre le tubercule marginal, le tubercule postéro-externe, le bord externe et l'échancrure externe du bord postérieur, est incliné du bord externe au tubercule postéro-externe. Cet espace est lui-

.même divisé par une saillie peu marquée d'où divergent en sens inverse les deux plans qui le forment.

Le tubercule postéro-interne est grand, large, à peu près ovale, bordé par la symphyse en dedans, séparé en dehors du tubercule postéro-externe, avec lequel il se confond, du reste, dans la partie postérieure, par une crête assez saillante.

DIMENSIONS.—Longueur du maxillaire, 78^{mm} ; largeur de cet os, 39. — Longueur du bord symphysaire, 70^{mm} ; largeur de ce bord, 11,5^{mm}.—Longueur du bord externe, 22^{mm}. — Longueur de l'échancrure antérieure du bord dentaire, 24^{mm}. — Longueur de l'échancrure postérieure de ce même bord, 42^{mm}. — Longueur du bord antérieur, 10^{mm}.—Longueur de l'échancrure externe du bord inférieur, 22^{mm} ; longueur de l'échancrure interne de ce bord, 18^{mm}.

Longueur du sillon de la face supérieure, 61^{mm} ; largeur, 17. — Largeur de l'espace compris entre le sillon et le bord dentaire, 13,5.—Longueur du tubercule antérieur, 25 ; largeur, 7,5. — Longueur du tubercule marginal, 26; largeur, 6.—Longueur du tubercule externe, 28; largeur, 7 — Longueur du tubercule interne, 34 ; largeur, 14.

GISEMENT. — Cette belle espèce a été découverte par Dutertre dans l'argile kimméridgienne de Châtillon. (Musée de Boulogne.)

Le Musée de cette ville possède aussi un maxillaire supérieur droit incomplet d'*Ischyodus* qui se rapproche beaucoup de l'*I. Beaumontii*, quoiqu'en différant cependant.

Ce maxillaire appartenait à une espèce robuste ; les tubercules de trituration sont, en effet, aussi forts que dans l'*I. Beaumontii*, quoique l'os soit plus petit. Les tubercules postéro-externe et postéro-interne n'arrivent pas au même niveau; le tubercule postéro-externe s'arrête bien avant le tubercule interne. Dans l'*I. Beaumontii*, ces deux tubercules ont l'extrémité antérieure sur une même ligne.

Ce maxillaire ressemble aussi à celui de l'*I. Egertoni* Buck. Mais dans l'exemplaire, du reste incomplet, figuré par M. Agassiz (1), les tubercules postérieurs se terminent au même niveau ; le tubercule antérieur est moins arrondi, l'externe moins long, descendant moins bas. La gouttière de la face supérieure se termine bien avant le bord antérieur.

Malgré les différences que nous avons signalées, nous rapporterons provisoirement le maxillaire dont nous venons de parler (pl. IV, fig. 1) à l'*I. Beaumontii*.

Les principales dimensions de ce maxillaire sont : longueur du tubercule marginal, 22^{mm} ; largeur, 6.— Longueur du tubercule postéro-externe, 25; largeur, 8. —Longueur du tubercule postéro-interne, 29 ; sa largeur est de 14.—Le tubercule antérieur a 8^{mm} de large.

ISCHYODUS SAUVAGEI *Hamy*.

(Pl. IV, fig. 2, 3.)

DIAGNOSE. — *Maxillaire supérieur petit, caractérisé par cinq tubercules de trituration, le tubercule marginal étant dédoublé ; le tubercule antérieur est très-large. La rainure de la face supérieure ne s'étend que dans la moitié de cette face.*

---

(1) Agassiz. *Loc. cit.* p. 340, *tab.* 40, *fig.* 1-10, et *Proc. Geol. Soc. of London*, T. II, p. 206.

DESCRIPTION. — Le bord symphysaire, qu'on devrait plutôt appeler face symphysaire, est droit, plat. Le bord inférieur est divisé en deux par une épine longue, droite, et situé exactement sur le prolongement de la ligne de séparation des deux tubercules postérieurs. Le bord dentaire, long, presque droit, présente deux échancrures peu profondes séparées par une légère saillie. Le bord externe est droit, court.

La face supérieure présente de dedans en dehors le bord supérieur de la symphyse, puis un sillon profond, dont l'extrémité antérieure correspond exactement à l'extrémité du tubercule postéro-interne.

La face externe, perpendiculaire à la précédente, est divisée par une rainure antéro-postérieure. De ces deux surfaces, l'inférieure, située sur un plan plus externe que la supérieure, lui est exactement parallèle.

Cette face est limitée en haut par une crête mousse qui la sépare de la face supérieure, en avant par les bords dentaire et externe, en arrière par l'échancrure externe du bord inférieur.

La face interne est armée de cinq tubercules de trituration. L'antérieur est large, ovale, et se prolonge en arrière très-près du tubercule postéro-interne. Celui-ci, grand, allongé, est arrondi en avant, et va en arrière jusqu'au bord inférieur, dont il circonscrit l'échancrure interne. Le tubercule postéro-externe, séparé du précédent par une surface assez large, est moins grand que lui ; son extrémité antérieure, aiguë, est située un peu plus en arrière que l'extrémité correspondante du tubercule interne ; son extrémité postérieure, arrondie ou plutôt ovalaire, se termine à environ un demi-centimètre de l'échancrure externe du bord dentaire.

En avant, en dehors de ce tubercule et presque en contact avec lui, on rencontre le tubercule marginal antérieur plus petit, mais de même forme. Il est situé le long de l'échancrure postérieure du bord dentaire. Le tubercule marginal postérieur est situé en dehors et en arrière du précédent, le long des bords dentaire et externe. Il est beaucoup plus petit que le tubercule marginal antérieur.

DIMENSIONS.—Longueur du maxillaire, 46^{mm} environ ; largeur de cet os, 24.—Long. du tubercule antérieur, 12 ; sa largeur, 7. — Long. du tub. postéro-interne, 25 ; sa largeur, 8. — Long. du tubercule postéro-externe, 19 ; larg. de id., 6. — Long. du tub. marginal antérieur, 15 ; sa largeur est de 5.—Longueur du tub. marginal postérieur, 12 ; largeur de ce tubercule, 3.

RAPPORTS ET DIFFÉRENCES. — Cette espèce est bien caractérisée par la forme des tubercules de trituration, par ses deux tubercules marginaux, par le sillon de la face supérieure, dont l'extrémité antérieure correspond à l'extrémité antérieure du tubercule postéro-externe, et par l'épine saillante du bord postérieur.

L'*Ischyodus Beaumontii*, qui se rapproche un peu de l'*Ischyodus Sauvagei*, en diffère cependant beaucoup.

Cette belle espèce, qui se trouve au Musée de Boulogne, a été découverte par M. Ernest Hamy, qui a bien voulu nous la dédier. Elle vient des couches kimméridgiennes de Châtillon (zône à *Thracia depressa*) (1).

---

(1) La description de l'*Ischyodus Sauvagei* a été lue à la Société Géologique de France, séance du 14 juin 1866 : *Note sur une nouvelle espèce d'Ischyodus, de l'argile kimméridgienne de Châtillon, près Boulogne-sur-Mer, par M. E. T. Hamy.*

ISCHYODUS DUTERTREI *Egert.*

(Pl. III, fig. 17, 18, 19.)

Egerton. Proc. Geol. Soc., 1843.
Agassiz. Op. cit. T. III, p. 246.
Pictet. Op. cit. T. II, p. 231.
Gervais. Op. cit. p. 536 (1).

1° MAXILLAIRE INFÉRIEUR.

DIAGNOSE. — *Maxillaire fort, large, épais, indiquant une espèce robuste ; tubercule marginal très-bombé ; tubercule postérieur très grand, s'étendant presque jusqu'au bord dentaire.*

DESCRIPTION.—Bord interne large, ayant la forme d'un sillon, bordé de chaque côté d'une carène mousse. Bord dentaire tranchant présentant deux échancrures séparées par une saillie arrondie, peu proéminente; l'échancrure antérieure est très-peu profonde, la postérieure l'est beaucoup plus. Bord externe épais, presque droit, séparé du bord dentaire par une petite saillie arrondie, à laquelle fait suite un espace irrégulièrement losangique, se confondant d'une part avec le tubercule marginal de trituration, de l'autre avec la face externe. Bord inférieur alternativement concave et convexe.

La face externe, arrondie, est sillonnée de stries sensiblement parallèles, peu profondes. Le côté externe et postérieur de cette face présente une dépression correspondant au tubercule externe, allant de dehors en dedans et d'arrière en avant, limitée par une arête diri-

(1) Cette espèce, comme d'ailleurs toutes celles étudiées dans ce travail et déjà connues, est mentionnée dant Broon : *Index palæontologicus (nomenclator paleont.)*, pp. 290-91, 560, 625-67.

gée dans le même sens, tranchante en arrière, où elle forme un des côtés du losange du bord externe, et mousse en avant, où elle se perd près de l'échancrure postérieure du bord dentaire.

A la face interne, l'espace compris entre le grand tubercule de trituration et le bord dentaire est incliné de ce tubercule à ce bord.

Le tubercule postérieur, grand, ovalaire, s'étend jusqu'à une faible distance du bord dentaire ; il est placé presque parallèlement à la symphyse, dont il est séparé par une rainure dirigée dans le même sens. Le tubercule marginal est petit, très-bombé, présentant une partie antérieure inclinée de haut en bas, de dedans en dehors, et d'arrière en avant, et une partie inclinée en sens inverse.

DIMENSIONS. — Longueur du grand tubercule, 57^{mm} ; sa largeur est de 23. — Long. du tubercule externe, 42 ; larg. de id., 22.—Long. du bord postér. ou externe, 27 ; la largeur est de 9.—Longueur du bord inférieur, 30.— Longueur du bord interne ou symphysaire, 42 ; la largeur est 10. — Long. du bord supérieur ou dentaire, du bord antérieur au bord postérieur, 61^{mm}.

2° MAXILLAIRE SUPÉRIEUR.

Maxillaire supérieur grand.

Bord symphysaire droit, plat. Bord antérieur court, droit.

La face externe est large, perpendiculaire à la face supérieure.

Celle-ci présente une arête arrondie à son union avec la face externe ; la symphyse est limitée par une arête tranchante, surtout en avant. Entre ces deux arêtes est une gouttière profonde, l'analogue de celle qui creuse la face supérieure du maxillaire de l'*I. Beaumontii*.

Dans tous les exemplaires que nous avons vus, la face buccale est en trop mauvais état pour que nous puissions la décrire.

DIMENSIONS. — Largeur de la gouttière, 22 à 25^{mm}.— Largeur de la symphyse, 15 à 20^{mm}. — Larg. de la face externe, 40^{mm}.

Cette espèce a été découverte par Dutertre-Delporte et décrite par Sir Philip Egerton, qui l'a dédiée au géologue boulonnais. Elle provient des argiles portlandiennes du fort Croy et de la Crèche (zône à *Perna Bouchardi*). M. Beaugrand l'a retrouvée dans la même zône. (Musée de Boulogne,—British Museum,—Collection Beaugrand.)

Prémaxillaire d'Ischyodus.

Pl. IV, fig. 10 et 11, est représenté un prémaxillaire d'*Ischyodus* du côté droit, donné par Dutertre-Delporte au Musée de Boulogne.

DIMENSIONS. — Longueur du bord interne, 24^{mm}; largeur du sillon de ce bord, 4,5. — Long. du bord interne, 22.—Long. du bord postérieur, 20.—Longueur du bord antérieur, 17. — Largeur de l'espace qui existe entre les deux bords à la face postérieure, 11 à 12^{mm}; profondeur de cette rainure, 3^{mm} environ.

DESCRIPTION. — Prémaxillaire fort, presque rectangulaire, arrondi à la face supérieure, échancré profondément à l'autre face. Le bord externe, large, incliné de haut en bas, présente quelques stries longitudinales. Un sillon parcourt dans toute son étendue le bord interne. Le bord postérieur est un peu obliquement coupé d'arrière en avant et de dedans en dehors ; le bord antérieur est beaucoup plus oblique dans le même sens.

Un seul prémaxillaire d'*Ischyodus* a été représenté ;
il appartient à l'*Ischyodus (Chimæra) Egertoni* Buck.,
de l'argile kimméridgienne d'Oxford ; il diffère essentiellement de celui que nous venons de décrire.

Vertèbres détachées.

Dans les terrains crétacés du Boulonnais (Turonien et
Gault), on trouve fréquemment des vertèbres détachées.
Nous les rapporterons, à l'exemple de MM. Mullër (1) et
Agassiz, aux *Squales*, principalement à la famille des
Lamnés. Le corps de ces vertèbres présente sur le pour-
tour des fissures qui, à l'état frais, étaient remplies de
cartilage.

Au genre *Oxyrrhina* appartiennent de grandes vertèbres du gault de Wissant (2), larges, peu hautes, profondément excavées. M. Agassiz a rapporté des vertèbres
semblables à l'*O. Mantellii* (*Op. cit., tab.* 40 *a, fig.*
13, 14).

D'autres du même terrain, beaucoup plus petites,
plus aplaties, moins concaves, sont considérées, par le
savant auteur des *Poissons fossiles*, comme appartenant
aux genres *Lamna* ou *Odontaspis* (pl. III, fig. 10, 11.)

Des vertèbres de grande dimension appartiennent au
genre *Otodus* (Agassiz. *Loc. cit.*, fig. 10, 11, 12 et 15),
et probablement à l'*O. appendiculatus*, dont les dents
se retrouvent fréquemment dans la même couche.

M. A. Bétencourt possède, du Turonien de Neufchâtel,
de petites vertèbres de *Lamna* semblables à celles figurées par M. Agassiz (*Loc. cit.*, fig. 20).

(1) *Vergleichende neurologie der Myxinoïden*. Berlin, 1846.
(2) *Cf.* Pl. III, fig. 13.

APPENDICE

A

(Page 3)

Bouchard-Chantereaux, qui possédait une magnifique collection des fossiles de Ferques, n'avait trouvé dans cette faune que quelques débris indéterminables de poissons; ils sont conservés au Musée de Boulogne.

M. J. Delanouë *(Des caractères et des limites du terrain dévonien inférieur dans le bassin boulonnais-westphalien,* ap. *Bull. Soc. Géol. de Fr.,* 2ᵉ série, T. VII, 1850) signale cependant de nombreux débris de poissons dans nos couches dévoniennes : « En Angleterre, « dit l'auteur du mémoire précité, la partie moyenne de « l'*Old Red Sandstone* abonde en calcaire *(Cornstone)* « et en nombreuses espèces de poissons. Il en est de « même dans le bassin boulonnais-westphalien ; le cal- « caire domine aussi, à la même hauteur, à Ferques, « Trélon, Chimay, Givet, Münster, Eifel, etc.; et c'est là « aussi que se trouvent les *poissons du Boulonnais,* de « la Belgique et ceux que M. de Verneuil a recueillis « dans l'Eifel. »

M. Delanouë donne de ces terrains le tableau de concordance suivant :

	Iles Britanniques.	Nord de la France.	Belgique.	Prusse Rhénique.
Old Red Sandstone.	2e étage calcaire (Cornstone) avec poissons.	Calcaire ou dolomie de Givet, Trélon, *Ferques*.	Syst. calcareux inférieur. Marbre Ste-Anne-Chimay.	Eifelerkalk avec poissons de Brillon, Paffrath.

B

(Page 8)

Des dents isolées de *Pycnodus Bucklandi* Agass. ont été recueillies dans le Bathonien de Marquise.

C

(Page 8)

Des fragments de mâchoire de *Lepidotus Mantellii* Agass. provenant de nos étages jurassiques supérieurs, se trouvent au Musée de Boulogne.

D

(Page 6)

M. Charles Contejean *(Etude sur l'étage kimméridien dans les environs de Montbéliard)* signale de nombreux sauriens et débris de poissons dans les *Sables Portlandiens* de Boulogne à *Ammonites gigas* Ziet. (p. 178). Dans la collection Marmin, que vient récemment d'acquérir le Musée de Boulogne, nous avons vu de nombreuses dents de *Pycnodus* indéterminables et de *Lepidotus (L. lœvis, giganteus)*, ainsi qu'un fragment d'*Asteracanthus* provenant des sables Portlandiens du Mont-Lambert, qui appartiennent à la même zône.

Dans les assises moyennes de la même formation, dès 1829, Bertrand, dans son *Précis de l'Histoire de Boulogne,* indique, « au pied de la tour Croï, dans un banc « de tuf calcaire....., des restes d'*Ichtyolites* en quantité « (T. II, p. 447). »

E

(Page 10)

M. A. Bétencourt nous a communiqué quelques fragments de *Berycopsis (radians ?)* trouvés dans le Turonien de Neufchâtel (1).

F

(Page 47)

Lorsque nous avons décrit avec les Ganoïdes le lingual qui est représenté pl. III, nous n'avons nullement voulu indiquer que cet os appartînt à un Ganoïde. Si nous avons décrit là cet os, c'était pour ne pas former une section à part pour une seule pièce. La comparaison de ce lingual aux pièces semblables des *Vastres* nous faisait écarter tout rapprochement avec les Ganoïdes.

G

(Page 10)

Des dents de Lamna plana (?) Agass. ont été trouvées dans la craie tuffau des environs de Boulogne.

(1) *Et non* Berycopsis (elegans).

EXPLICATION DES PLANCHES.

—◁●▷—

Pl. I. — Lepidotus.

Fig.

1, 2. Ecailles de *Lepidotus*, venant du Bathonien de Marquise.

3-16. Ecailles de *Lepidotus lœvis*, des étages Jurassiques supérieurs.

3. Ecaille de la région du dos.

4. Fragment de *Lepidotus*.

5. Ecaille de la région intermédiaire entre le dos et les flancs, plus près de la partie antérieure que de la postérieure.

6. Ecaille de la même région.

7. Ecailles de la partie supérieure des flancs.

8. Ecaille tuberculeuse.

9-13. Ecailles caudales.

14-16. Ecailles à fort onglet articulaire.

17. Ecaille de *Lepidotus* (n. sp.?).

18. Dent de *Lepidotus lœvis*.

13-23. *Lepidotus palliatus*.

19-20. Ecailles.

21-22. Mâchoire (dessin de M. Arnoul).

22 *a.*   Dent de remplacement, vue de face.

22 *b.*   Dent acuminée, vue de profil.

23.   d°.   d°.

23 *a.*   Dent arrondie, vue de profil.

23 *b.*   Racine de la dent.

24, 25. Ecailles de *Lepidotus Fittoni*.

26, 27. Fragment de mâchoire du même *Lepidotus*.

28. Dent de *Lepidotus*, en forme de faucille.

29. Dent subulée *(Lepidotus)*.

30. Dent de *Pycnodus*.

Pl. II.—Gyrodus et Pycnodus.

Fig.

1. Maxillaire inférieur gauche de *Pycnodus Larteti* Sauvg.
2.   dᵒ   droit de *P. Gervaisi* Sauvg.
3.   dᵒ   de *P. didymus* Münst. (*non* Agas.)
4.   dᵒ   droit de *P. Boloniensis* Sauvg.
5.   dᵒ   droit de *P. Jugleri* Münst.
6.   dᵒ   de *P. affinis* Nicolet.
7.   dᵒ   gauche de *P. Dutertrei* Sauvg.
8. Vomer de *P. Dutertrei.*
9. Pharyngiens   dᵒ.
10, 11. Vomer de *P. subcontiguidens* Sauvg.
12. Vomer de *Gyrodus umbilicus* Agass.
13. Vomer de *G. Cuvieri* Agass.
14, 15, 16. Ossements (Operculaires et lingual).

Pl. III.—Cestraciontes,—Ichthyodorulithes,— Squales,—Ischyodus.

1, 1 *a. Auluxacanthus Dutertrei* Sauvg.
2. Coupe du *Leptacanthus longissimus* Agass. (Cette coupe est copiée sur la fig. 13, pl. I *a* de l'ouvrage d'Agassiz.)
2 *a* Coupe du *Leptacanthus semistriatus* Agass (pl. VII).
2 *b.* Coupe du *L. tenuispinus* Agass. (pl. VII, fig. 8).
2 *c*, 2 *d.* Coupes de rayons de Chimères (pl. X *b*, fig. 17 *a*, 17 *b*).
3 *Asteracanthus* (n. sp.?).
4, 5. Dent antérieure de *Strophodus Hamyi* Sauvg.
6. Dent de *Strophodus Beaugrandi* Sauvg.
7, 7 *a.* Dent de *Curtodus Rigauxi* Sauvg.
8. Dent de *Curtodus corallinus* Sauvg.
9. Dent d'*Acrodus elegans* Sauvg.
10. 11. Vertèbres de *Lamna* du gault de Wissant.
12. Vertèbre de *Ganoïde* venant du jurassique supérieur.
13. Vertèbre d'*Oxyrrhina Mantellii*, du gault de Wissant.
14. Dent de *Lamna*, de la même provenance.
15. Dent de *Lamna Bouchardi* Sauvg.

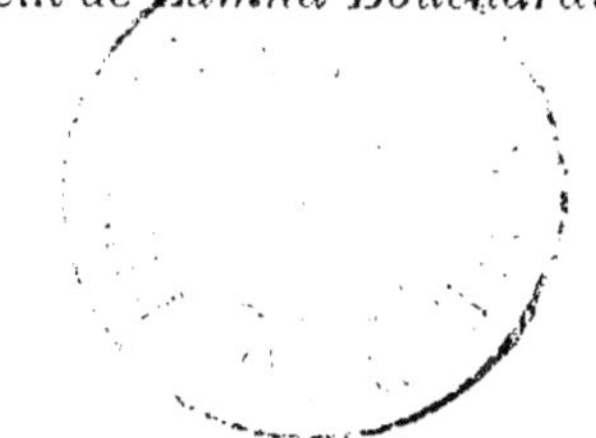

7

FIG.

16 Dent d'*Oxyrrhina subinflata* Agass.

17, 18, 19 *Ischyodus Duterlaui* Egert.

17. Maxillaire supérieur droit.

18   d°.   gauche.

19. Maxillaire inférieur gauche.

Pl. IV.—Ischyodus.

1. Maxillaire supérieur droit d'*Ischyodus* voisin du *Beau-montii*

2. Maxillaire supérieur gauche d'*I. Sauvagei* Hamy (face inférieure).

3. Maxillaire supérieur gauche d'*I. Sauvagei* Hamy (face supérieure).

4. Maxillaire supérieur droit d'*I. Beaumontii* Egert (face buccale).

5. Maxillaire supérieur droit d'*I. Beaumontii* Egert (face supérieure).

6. Maxillaire inférieur gauche d'*I. Bouchardi* Sauvg.

7.   d°   gauche d'*I. Beaugrandi* Sauvg.

8.   d°   d°   vu de côté, striation marginale symphysaire.

9. Maxillaire supérieur droit d'*Ischyodus* jeune âge).

10. Intermaxillaire droit d'*Ischyodus* (face interne).

11.   d°   d°   (face externe).

12. Maxillaire inférieur gauche d'*I. Dufrenoyi* Egert

13.   d°   gauche d'*I. suprajurensis* Sauvg. (dessin de M. Arnoul).

14. Maxillaire inférieur gauche d'*I. Rigauxi* Sauvg. (face buccale).

15. Maxillaire inférieur gauche d'*I. Rigauxi* Sauvg (face externe.)

BIBLIOGRAPHIE

Agassiz. — *Recherches sur les Poissons fossiles*. 1833-44. Neuchâtel. 5 vol. texte et 5 vol. planch. folio.

Aug. Dollfuss. — *Protogea Gallica. La Faune kimméridgienne du cap de la Hève*. Paris, 1863. In-4º.

Ph. Grey Egerton. — *Fossil fish in the collection of the Earl of Enniskillen and Sir Philip Grey Egerton*. Br. in-4º s. l. n. d.

Id. — *Catalogue of fossil fish in the collection of Lord Cole and Sir Philip Grey Egerton*. Br. in-4º, Chester.

Id. — *Catalogue of the fossil fish in the cabinet of Lord Cole and Sir Philip Grey Egerton*. London, 1837. Br. in-4º.

Id. — *On some new species of fossil Chimmæroid fishes, with remarks on their general affinities* (*Proc. of the Geol. Soc. of London*, T. IV, nº 94, in-8º. London, 1843).

Id. — *On the nomenclature of the fossil Chimæroid fishes* (*Quart. journ. of the Geol. Soc. of London*. Nov. 1847, nº 12).

Id. — *British organic remains* (*Mem. of the Geol. Surv. of the Unit. Kingdom*. Decade VIII, in-8º. London, 1855).

Paul Gervais. — *Zoologie et Paléontologie française (animaux vertébrés), ou nouvelles recherches sur les animaux vivants et fossiles de la France*. In-4º. Paris. 1ʳᵉ édit., 1848-52 ; — 2ᵉ édit., 1859.

Id. — *Zoologie et Paléontologie générale*. In-4º. Paris (1).

____

1) En cours de publication.

R. W. Gibbes. — *Monograph of the fossil Squalidæ of the United States (Journ. of the Acad. of nat. sciences of Phila⁻delphia)*. 2 br. in-4º. 1848.

E. T Hamy. — *Note sur une nouvelle espèce d'Ischyodus de l'argile kimméridgienne de Châtillon, près de Boulogne-sur-Mer (Bull Soc. Géol. de France.* 2ᵉ sér., T. XXIII, pp. 654 à 657).

E. Hébert. — *Tableau des fossiles de la craie de Meudon (Mém. Soc. Géol. de France.* 2ᵉ série, T. V, 1854, in-4°).

Münster. — *Beitreige zür petrefactenkünde.* 3 vol. in-8°. Bayreuth, 1842

Pictet.—*Traité de Paléontologie.* 4 vol. in-8º (2ᵉ édit.). Paris, 1853-57.

Pictet et Jacquart. — *Reptiles et poissons fossiles de l'étage virgulien du Jura neufchâtelois.* In-4º. Neufchâtel, 1860.

Quenstedt. — *Der Jüra.* 2 vol. in-8°. Tübingen, 1858.

Id. — *Handb. der petrefactenkünde.* 2 vol. in-8°. Tubingen. 2ᵉ édit., 1867.

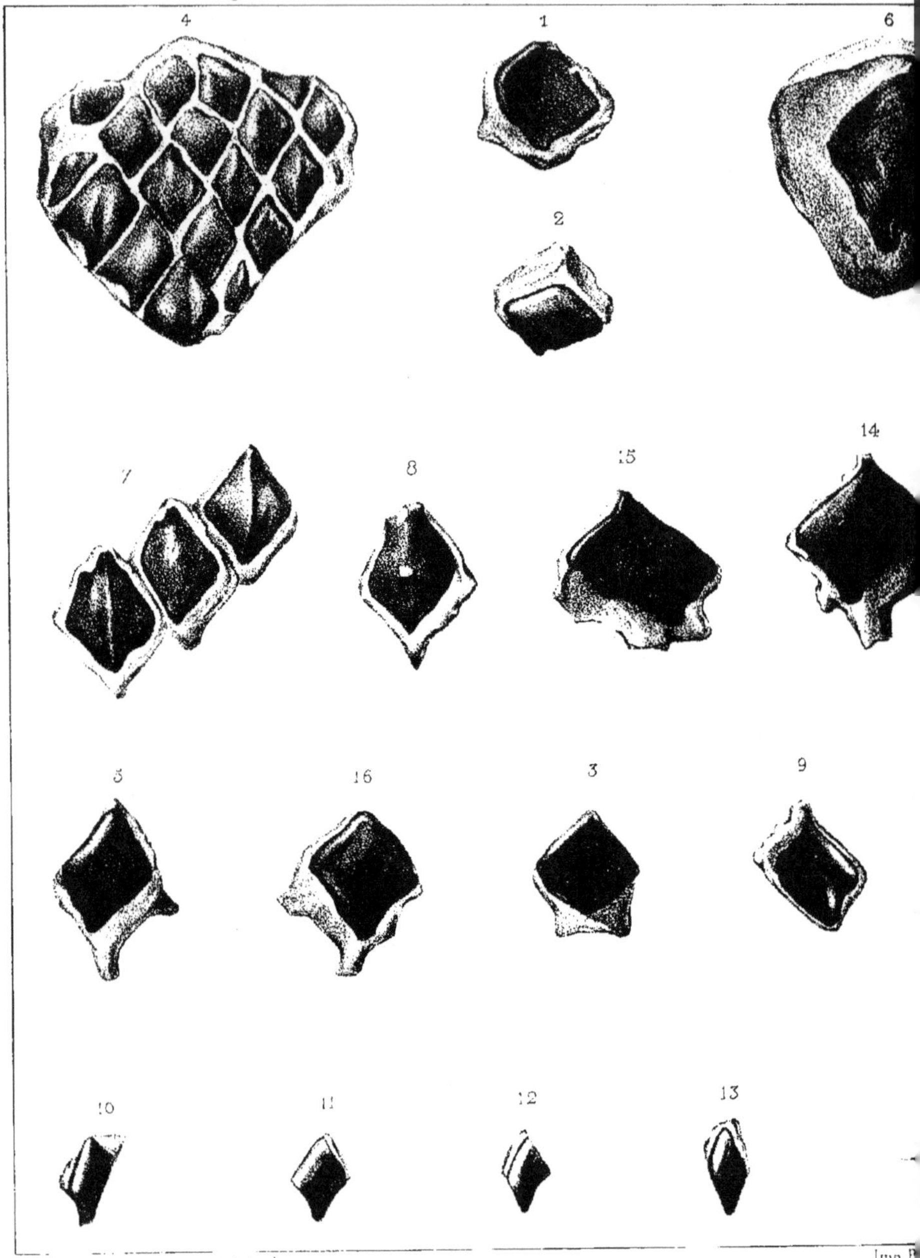

4

1

6

2

14

7

8

15

5

16

3

9

10

11

12

13

Hauy del. Arnoul del. N° 21

Imp B

POISSONS FOSSI

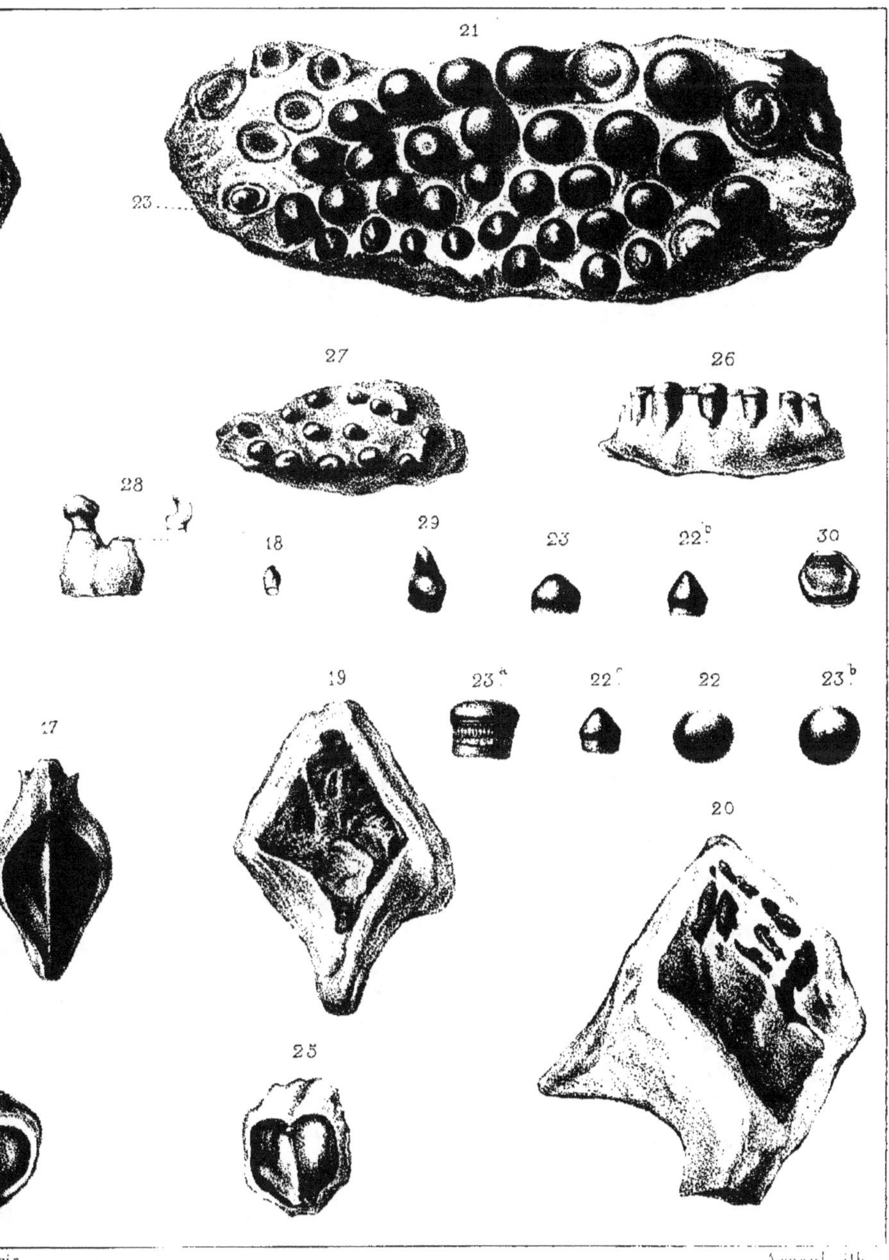

DU BOULONNAIS.

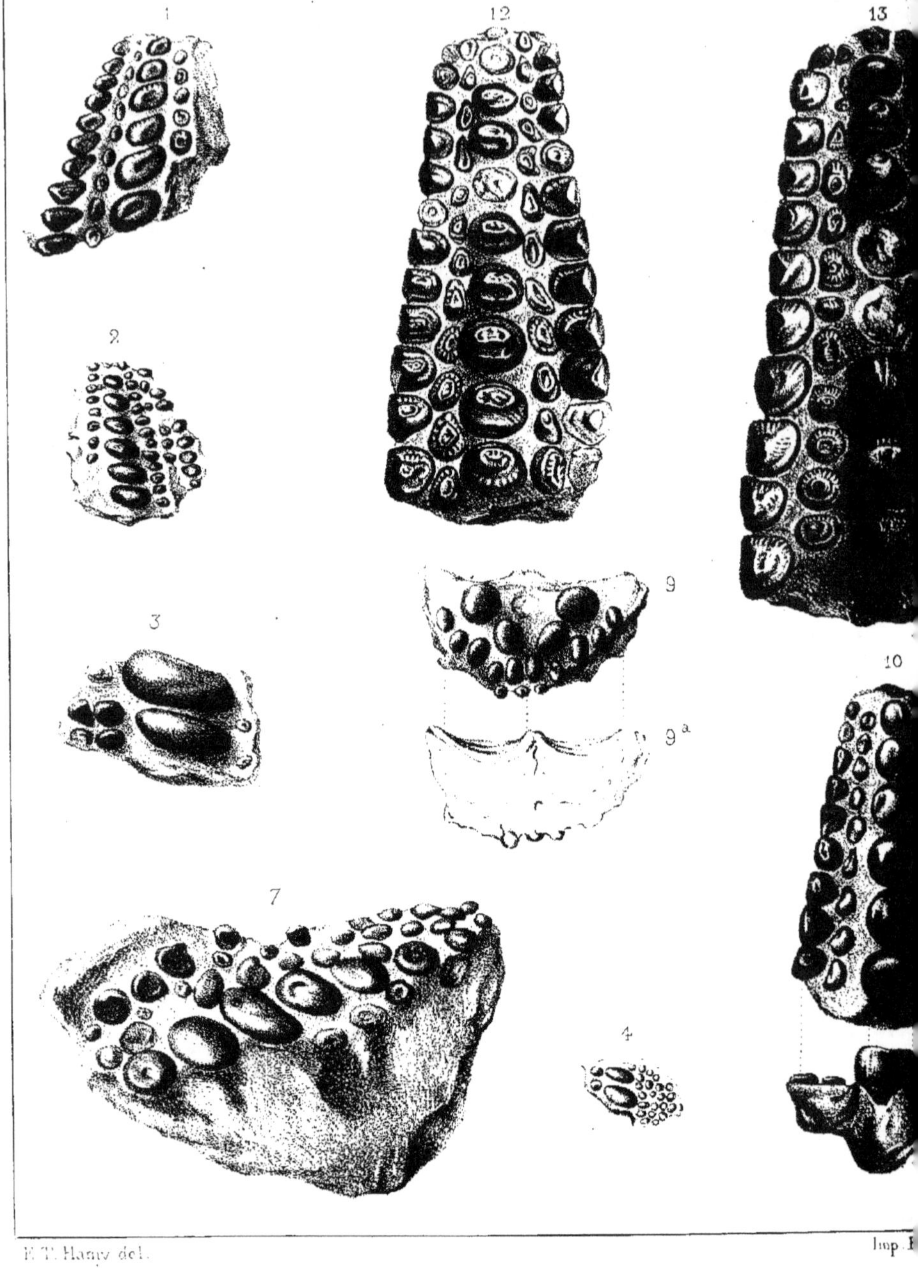

1
12
13
2
9
9ᵃ
3
10
7

4

Imp.

POISSONS FOSS

DU BOULONNAIS.

Mém: S^té Acad: Boulogne S/M.T.II.

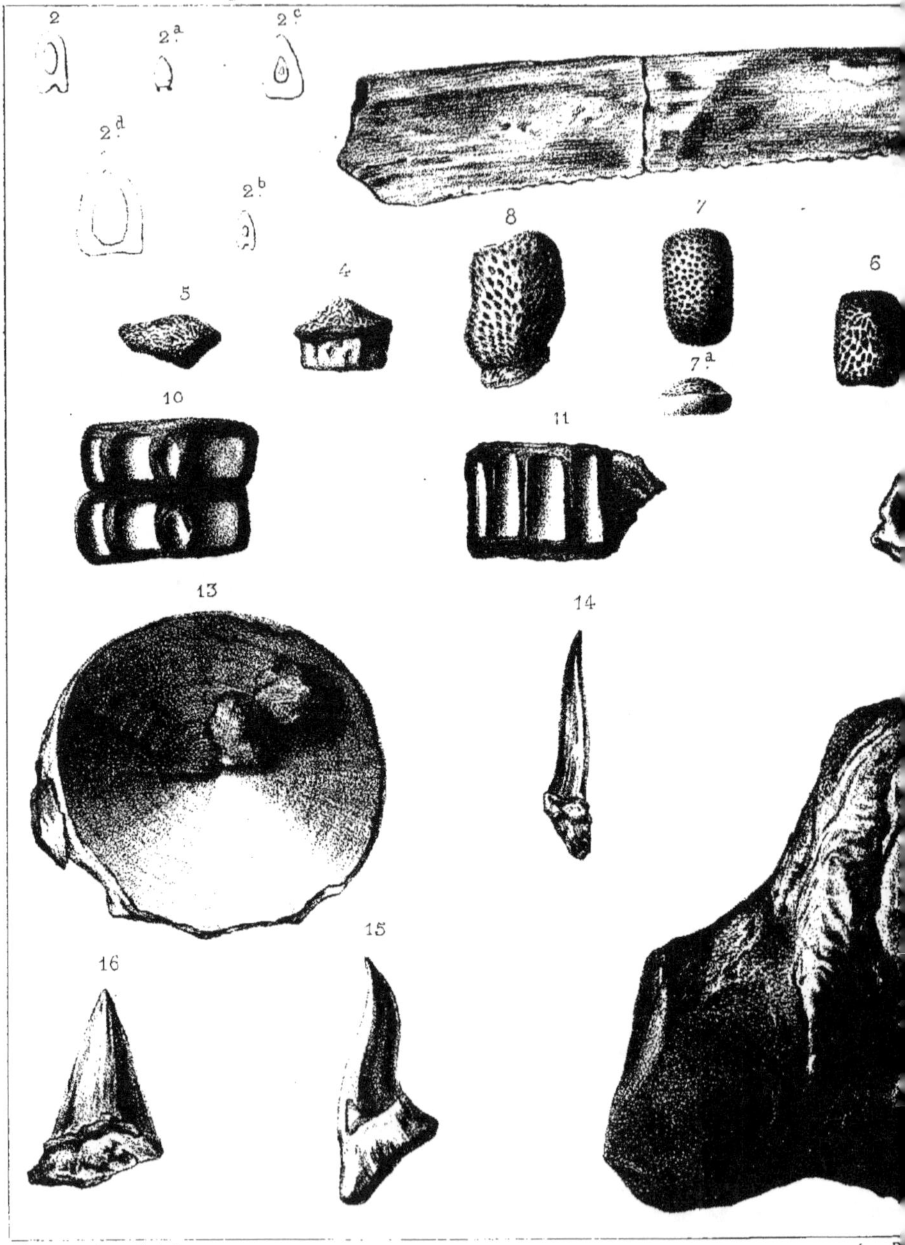

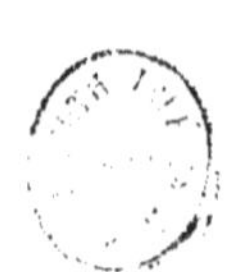

Hamy et Arnoul del.

Imp. B

POISSONS FOSSI

DU BOULONNAIS.

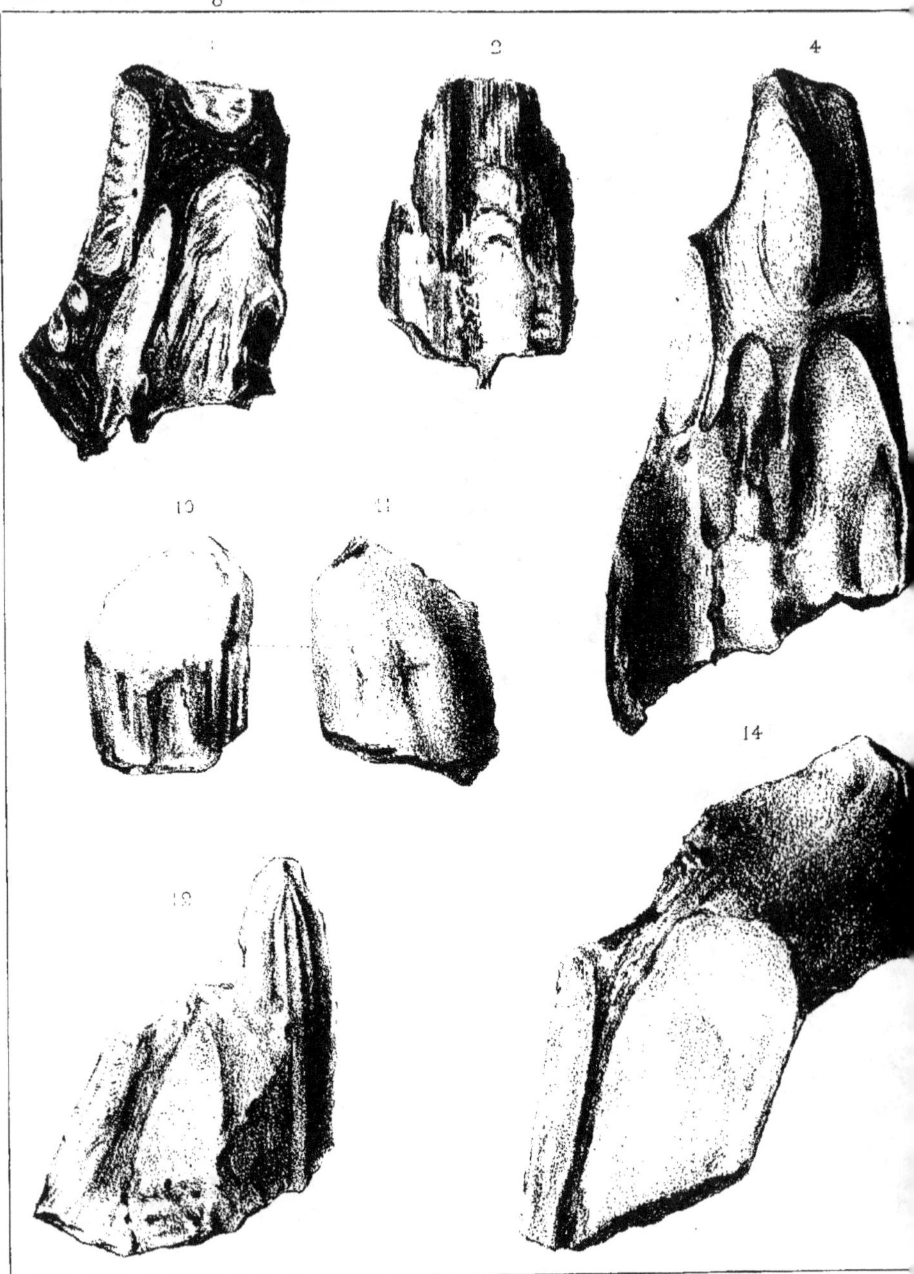

E. T. Hamy del

POISSONS FOSS

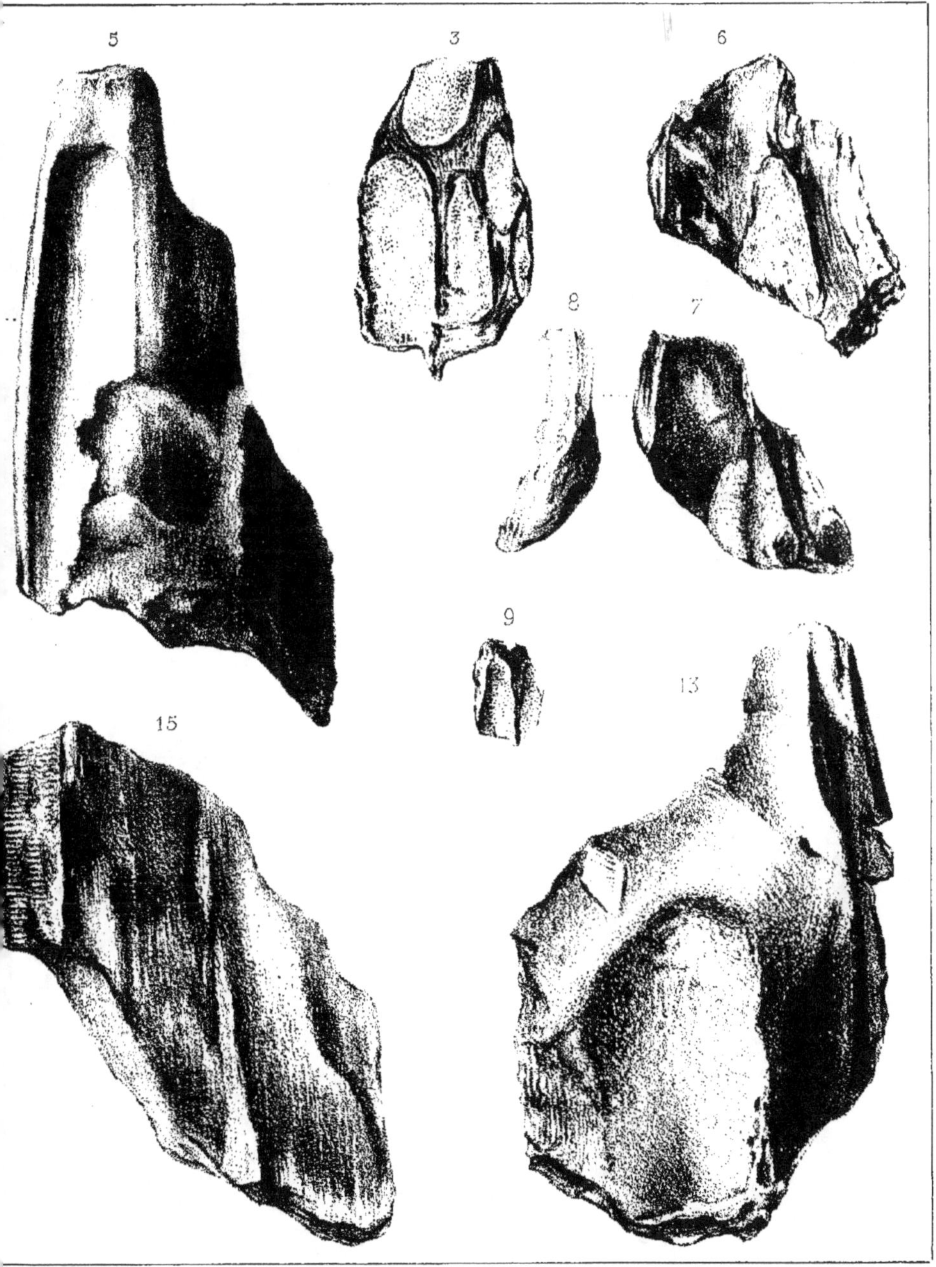

DU BOULONNAIS .